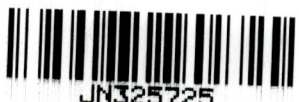

不安と期待の程度による
最適意思決定

目指すな、求めるな100%

小川浩平 著

大学教育出版

はしがき

筆者は化学工学の研究を続けていたときに、大きな疑問にぶつかりました。それは物を混ぜるという操作と物を分けるという操作がまったく別々に議論されていたからです。でも考えてみて下さい。コーヒーを飲むときにミルクを入れますが、ある人は２～３回スプーンで混ぜただけで口にしますし、またある人は十数回もスプーンで混ぜてから飲みます。前者は２～３回で十分ミルクとコーヒーが混ざっていると感じているのに、後者は２～３回ではミルクとコーヒーはまだ分離した状態と感じていることを示しています。でもどちらも同じコーヒーカップ内で生じている現象です。

このことは混ざっているという状態と分離している状態とはお腹と背中の関係にあることを示しています。にもかかわらず今までは物が混ざるという状態と物が分かれている状態を別々にとらえて議論されてきたわけです。

そこで筆者は、どちらの状態も同じ１つの視点で議論するべきだと考え、筆者らの専門分野ではなじみのない情報エントロピーという概念を新たな視点として用いることに到達しました。その結果、物を混ぜるという操作と物を分けるという操作に関して新たな多くの有益な知見を得ることができました。次いで工学というものが社会そして人を幸せにするための学問と位置付けるなら、そこに人の心理、感覚が組み込まれなくてはならないと考え、人間の心に生じる不安感あるいは期待感の程度を定量的に示すことのできる表示式を、情報エントロピーの考え方に基づいて提案すること辿り着きました。

この表示式を用いることにより、今まで説明できなかった人間の意思決定の結果を明確に説明することができました。そこでこの表示式をさらに進展させることにより、我々が日常遭遇するさまざまな意思決定を迫られる場面で最適の意思決定を行う条件を見いだすことができると確信し、思考を重ねた結果を記したのが本書です。

本書を読んでいただき、なるほどと一度でも頷いて頂ければ幸いです。

2012 年 11 月

小川浩平

不安と期待の程度による最適意思決定
目指すな、求めるな100%

目　次

序　章

皆さんは目標を100％達成できない自分を卑下したり、自分が期待する目標を相手に100％達成することを強要したりしていませんか。でも目標の100％達成が最適ではないかもしれませんよ。場合によっては目標の70％、50％、30％達成が満足すべき最適な解かもしれません。本書では、人間の心に生じる不安感あるいは期待感の程度を定量的に示す手法に基づいてこのことを明解に説明したいと思います。

「そろそろ出かけるか」「この車両混んでるから後の電車にしようよ」「この問題はこの辺で手を打つことにしよう」「そろそろ昼飯にいこうか」「これは電話して断ろう」「帰りにちょっと寄り道するか？」等々人が行動を起こすとき、判断するとき、いったい何に基づいて判断し行動しているのでしょうか。通常これらの多くの意思決定は感覚的に行っているのではないでしょうか。筆者はこのような意思決定の背景を論理的に明確に記したものにお目にかかったことがありません。多分多くの読者の方々も同じと思います。これに比べて科学技術の分野では理路整然と三段論法に基づいて解が導かれます。人の意思決定も科学の一分野である社会科学で取り扱うことのできる対象ですが、人の心理、感覚に大きく依存する内容であるためか、極めて理論的に不明確な検討状況にあります。

筆者は化学工学を学び、そして研究を続けて化学工学を学生に教えてきました。しかしその化学工学についても不満があります。その理由は、今までの化学工学には人の心理、感覚の視点が欠落していたからです。工学というものが社会そして人を幸せにするための学問と位置付けるなら、そこに人の心理、感覚が組み込まれなくてはならないと考えています。化学工学も工学構成する一学問なら、やはり人の心理や感覚の視点も取り込む必要があると考えています。

筆者が東工大の大学院化学工学専攻の博士課程を修了する頃から、工学へ人の心理、感覚の視点を取り込むことの必要性を感じ始めました。そのきっかけは恩師（伊藤四郎教授（当時））から「これからの化学工学は非平衡が大事だ」と言われ、非平衡に関する本として『非平衡の熱力学』（プリゴージン著）を読んだときに「情報エントロピー」という言葉に遭遇したことでした。それまで熱力学における「エントロピー」を学んではいましたが、姿は見えず捉えどころのないものとして忌み嫌い、できるだけそばに近寄らずに済まそうと考えていました。

しかし「情報エントロピー」は熱力学の「エントロピー」とは違い、論理的に取り扱いやすい確率に基礎をおいていること、もともと情報伝達の分野、すなわち電気通信の分野でスタートした概念で、わが国がこの「情報エントロピー」に関する研究を疎かにしたがために、わが国が発信する暗号が解読されていたことが敗戦につながった可能性があること、今では電気通信の分野だけでなく、医学、芸術、スポーツ、等々極めて多くの分野で利用されつつあることを知り、もしかしたらこの「情報エントロピー」が自分の研究の新たな局面を切り拓く有用なツールになるかもしれないと期待したわけです。

具体的に示しましょう。コーヒーにミルクを加えてスプーンで混ぜて飲むとき、ある人はスプーンで２～３回混ぜてすぐ飲みますし、別の人は 10 回以上も混ぜてから飲むというのは、１つの現象でも、ある人にとってはミルクとコーヒーが十分混ざっている状態であり、別の人にとっては未だミルクとコーヒーが分離している状態であると感じているわけです。このような状況を見るにつけ、混合という現象と分離という現象はそもそも１つの現象ではないかと思うようになりました。そして研究室では、ある学生は装置内に投入されたトレーサーの装置内分布状態に基づいて混合現象を議論し、またある学生は有用な成分の回収率とか不要な成分の混入率に基づいて装置内の分離現象を議論しているのを聴くにつけて、なぜ同じ視点で議論しないのだろうか、と疑問をもち続けていました。

この疑問にこの「情報エントロピー」が解決の手を差し伸べてくれるのではと考えたわけです。そして実際にこの「情報エントロピー」を用いることにより、投入されたトレーサーの応答に基づいて混合状態を評価する混合性能の評価指標、装置内の流体の領域間推移確率に注目した局所の混合性能の評価指標とそれを装置全体で平均した混合性能の評価指標、多成分の混合性能の評価指標、それとまったく裏返しの分離性能の評価指標、流体の不規則な運動のエネルギーのスペクトル表示式、同表示式に基づいた新たな装置のスケールアップルール、粉粒体の粒子径の分布表示式等を提案し、多くの有用な知見を得ることができました。しかしここまでには、人の心理や感覚の視点は一切取り入れてはいませんでした。

次いで人の心理や感覚の視点を取り入れるために、「情報エントロピー」の新たな展開を試み始めました。そしてついに人間の心に生じる不安感あるいは期待感の程度を定量的に示すことのできる表示式を、「情報エントロピー」の考え方に基づいて提案することができました。ノーベル経済学賞を2002年に受賞したダニエル・カーネマンと共に研究してきたトバスキーとフォックスが「こうなる理由はわからないが」と前置きして示した賭けごとにおける人間の意思決定の実験データを新たに提案した不安度や期待度を示す表示式に基づいて精確に説明できることを明らかにすることができたときは、暗闇に一条の光を見つけた思いでした。

本書では、この人間の心に生じる不安感あるいは期待感の程度を定量的に示すことのできる表示式を駆使して、さまざまな局面で人が意思決定するときの然るべき方法について明解に述べることにします。

礎となる人間の心に生じる不安感あるいは期待感の程度を定量的に示す手法、および不安度曲線あるいは期待度曲線の導出の詳細等は巻末の付録に譲ります。そして以下では、まず人がある事態（事象）が生じる確率を知ったときに感じる不安の程度および期待の程度の定量的な表現、いいかえると不安度曲線および期待度曲線の表示式を示します。

つづいて人が与えられた客観的な値をそのまま鵜呑みにせずにある変換をして主観的な値としてとらえるときのその客観的値と主観的値の関係のうち、本書で頻出する確率に注目して客観的確率と主観的確率の関係について、不安度曲線および期待度曲線に基づいて示すことにします。

１．不安度・期待度の定量的表現（不安度・期待度曲線の表示式）

私たちは日々何かに不安を感じ、何かに期待を込めて過ごしています。外出するときは「電車が遅れて会合に間に合わないかもしれない」と不安を感じたり、年末ジャンボ宝くじを購入するときは「もしかしたら、この私にも１億円を手にするチャンスが訪れるかもしれない」と期待したりします。このように、誰もがさまざまな場面で不安を感じたり、期待したりするのは日常茶飯事です。最近では悲惨な福島の原発事故が話題になりましたが、「福島の放射能は私のいるところまで飛んでこないだろうか」という不安を抱かれた方も少なくないはずですし、現時点でも抱いておられる方もおられるかもしれません。このような人が感じる不安や期待の程度を定量的に表示するにはどのようにしたらよいでしょうか。

「今日の通勤電車は遅れるかもしれない」という不安と、「東海沖地震の影響で富士山が大噴火するかもしれない」という不安とでは、それぞれの事態（以後は事態を事象と記すことにします）が生じる確率（生起確率）で考えると「電車が遅れる」という確率の方が「富士山が大噴火する」という確率より大きいですが、もしそれぞれの事象が生じたときの事象の重みで比較すると「電車が遅れた」場合の憂慮より「富士山が大噴火した」場合の憂慮の方が大きいですね。また「今日の通勤電車では座れるかもしれない」という期待と、「購入した宝くじが１億円当たっているかもしれない」という期待とでは、それぞれの事象が生じる生起確率で考えると「電車で座れる」という確率の方が「宝くじで１億円当たる」という確率より大きいですが、もしそれぞれの事象が生じたときの重みで比較すると「電車で座れた」場合の嬉しさより「宝くじで１億円当たった」場合の嬉しさの方が大きいですね。

このような対象の事象が生じる生起確率とその事象がもつ重みを加味して、その対象とする事象についての不安の程度あるいは期待の程度AEを定量的に表示することができます。

「電車が遅れて会合に間に合わなかったら困るな」というときの不安の程度や「もしかしたら、宝くじで１億円当たるかもしれない」という期待の程度も同じく次式で定量的に表せます。

$$AE_{P<1/2} = V\{-P\ell nP-(1-P)\ell n(1-P)\} \qquad (1)$$

$$AE_{P\geq 1/2} = V[2\ell n2-\{-P\ell nP-(1-P)\ell n(1-P)\}] \qquad (2)$$

ここでPは対象とする事象が生じる確率（生起確率）であり、Vは「今日の通勤電車は遅れる」という不安と、「東海沖地震の影響で富士山が大噴火するかもしれない」という不安の違い、あるいは「電車で座れる」という嬉しさと「宝くじで１億円当たる」という嬉しさの違いを表すための価値因子です。このときの期待の程度や不安の程度（AE）と事象が生じる生起確率Pの関係を図示すると図序−1のような曲線が描けます。図には事象の価値因子Vを0.2から1.0まで変化させた場合の曲線を示しています。ここで、図中の曲線を期待度曲線あ

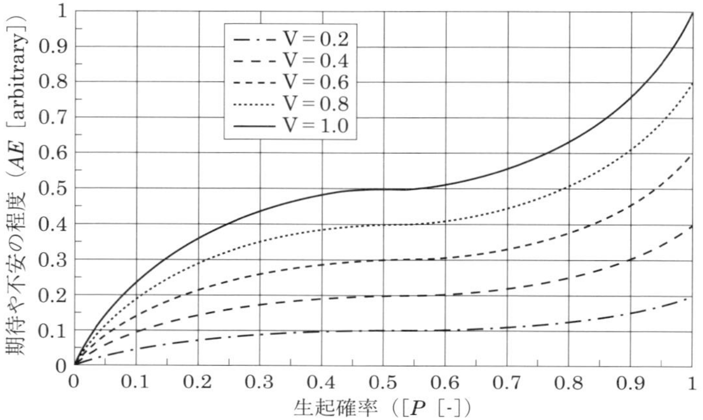

図序-1　価値因子 V を 0.2 から 1.0 まで変化させた場合の期待度曲線（不安度曲線）

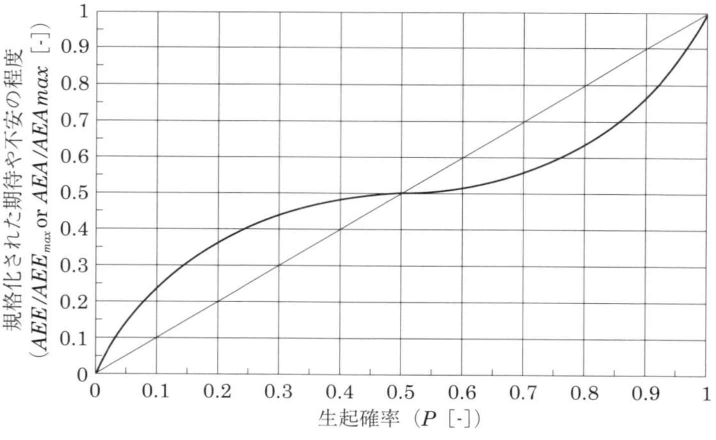

図序-2　$P=1$ のときの最大値で無次元化した期待度曲線（不安度曲線）

るいは不安度曲線と呼ぶことにします。しかしどの曲線も$P = 1$のときに最大値をとりますからこの最大値を用いて規格化すると、いずれの曲線も図序-2のように最大値1をとる逆S字型の同一曲線となります。

2．客観的に与えられた確率（客観確率）と それを感覚で捉えた確率（主観確率）

客観的にあらかじめ確率（客観確率$P_{\mathrm{objective}}$）が与えられたとき、私たちは期待度曲線あるいは不安度曲線を介して主観的な確率（主観確率）として捉えると考えられます。その客観確率$P_{\mathrm{objective}}$と主観確率$P_{\mathrm{subjective}}$の関係は図序-3に示したようになります。

またさらに、対象とする事象を構成するある因子の値とその因子が取り得る最大値との相対比率（客観比率）が与えられた場合にも、その相対比率を前記の事象が生じる確率（生起確率）の代わりに置けばそれは与えられた客観比率として考えられ、期待度曲線あるいは不安

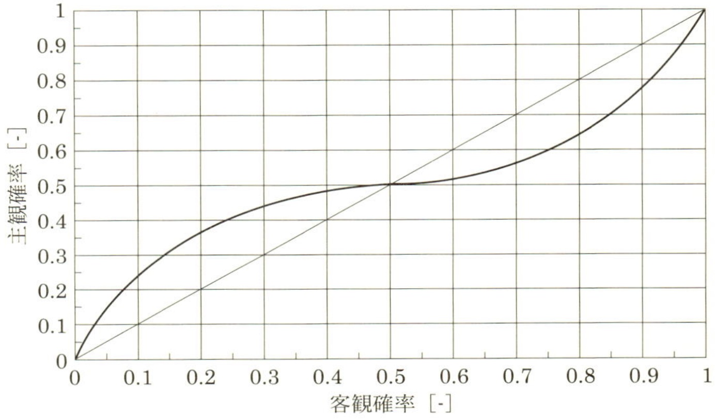

図序-3 客観確率と主観確率

度曲線を介して対応する主観的に捉えた主観比率が導けます。この客観比率と主観比率との関係は、上記の生起確率を対象とした場合の客観確率と主観確率の関係と同じになると考えられます。

3．本書の活用

以下の章では、不安度曲線あるいは期待度曲線を利用した意思決定の方法、さらには別の関数曲線も導入して、行う意思決定の方法について読者に質問を投げかける方法で展開します。

また、各章の例で挙げる質問をあなたの場合に置き換えて質問を作って正解を導いてみることをお勧めします。設定条件はどのように置き換えればよいのか、またｎの値が必要であればその値をどのように設定すればよいか、考えてみてください。正解は設定した条件に対応して、本書で用意した図（例えば 112 頁の図 2-29 から 115 頁の図 2-36 まで）を利用すればすぐに得られるはずです。またそれぞれの質問のテーマは他にどのようなテーマに置き換えることができるかも考えてみてください。

第 I 章

不安度曲線・期待度曲線をそのまま利用する場合

ここでは、人は対象とする事象の価値とその生起確率に基づく不安度曲線あるいは期待度曲線を無意識のうちに描いて意思決定を行っているということについて記しましょう。

1．改善策を実施すべきか否かの判断

【質問】

Aさんはある化学品製造会社の社長をしています。Aさんの会社では現時点で年間400万円の純利益が得られる製造プロセスを稼働させています。しかしそのプロセス中には改善すべき箇所があり、その改善策も提案されています。もしその改善策を採用して完全に改善することができれば純利益は1,000万円に増えます。ではAさんはその改善策の成功確率がどの程度以上に見込める場合に、改善策を採用して改善に踏み切るべきでしょうか。

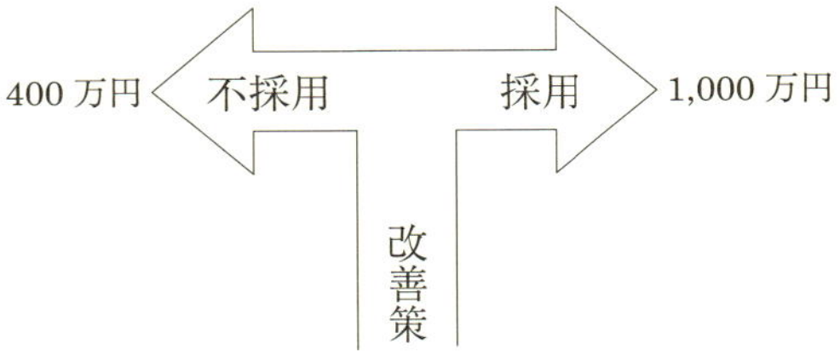

【解説】

見込める改善策の成功確率Pに理論的に明確に対応した利益は不明ですから、期待度曲線を利用します。そこで見込める改善策の成功確率Pを横軸にとり、最大値が1,000万円となる期待度AEE曲線を図1-1のように描きます。そして縦軸上の値が現時点における純利益400万円と一致する点を通り横軸に平行な直線を引きます。するとその直線は上記期待度曲線と交差します。その交点を通って今度は縦軸に平行な直線を引き、その直線が横軸を横切る成功確率の値を読むと$P = 0.24$となっています。つまり改善策の成功確率が$P > 0.24$と見込めるならば、改善後得られる純利益は現時点の400万円より大きくなりますから、改善策を実施してもよい（リスク追及：Risk seeking）と判断すればよいわけです。逆に$P \leq 0.24$としか見込めないならば、改善後得られる純利益は現時点の400万円以下となりますから、改善策を実施する意味がないことになり、改善策を実施しない（リスク回避：Risk aversion）と判断すべきということになるわけです。

もちろん、改善策の成功確率を見込むときにはありとあらゆる考え

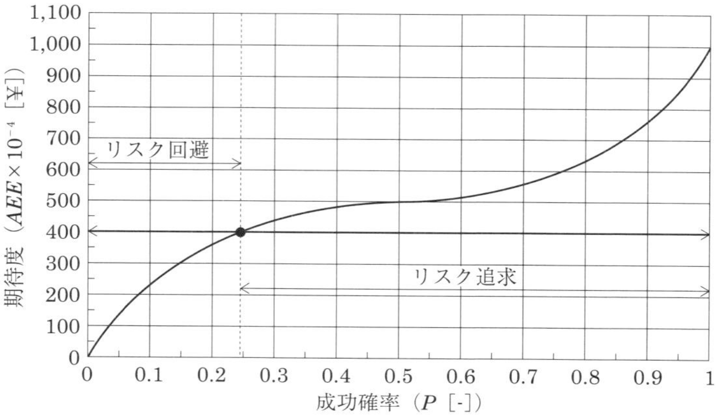

図1-1　期待度曲線に基づくリスク追求とリスク回避

られる情報を集めて判断する必要があります。社長としてのＡさんに社運がかかっているわけですから、慎重に改善策の成功確率を推量して定量的に判断する必要があります。ありとあらゆる考えられる情報を集めて改善策の成功確率を推量する際に、客観的成功確率の値が定まることはなく、ほとんどの場合は最終的に主観的に成功確率を推測することになりますから、推測した主観的成功確率を図 1–3（15 頁）に基づいて客観的成功確率に変換してから議論しなければならなくなる可能性があることにも留意しておくことが必要です。

正解

成功確率Ｐ＞0.24 と見込める場合に、改善策を採用して改善に踏み切るべきです。また成功確率Ｐ＜0.24 としか見込めない場合には、改善策を採用しないで現状のまま続けざるを得ません。

２．改善に必要な費用と利益　その１

【質問】

やはりＡさんはある化学品製造会社の社長としましょう。Ａさんの会社で稼働している製造プロセス中には改善すべき箇所があり、その改善策も提案されていて、もしその改善策を採用して完全に改善することができれば純利益は今までより年間 100 万円増えます。しかしその改善策を実施するために必要な経費は、その改善策の成功確率に比例して増加し、最終的に完全に改善策が達成されたときには 900 万円に到達してしまいます。そしてその改善のための必要経費は、今後 10 年の間に回収しなければなりません。Ａさんはこの改善を断行すべきでしょうか。改善策の成功確率にかかわらない結論を出してください。

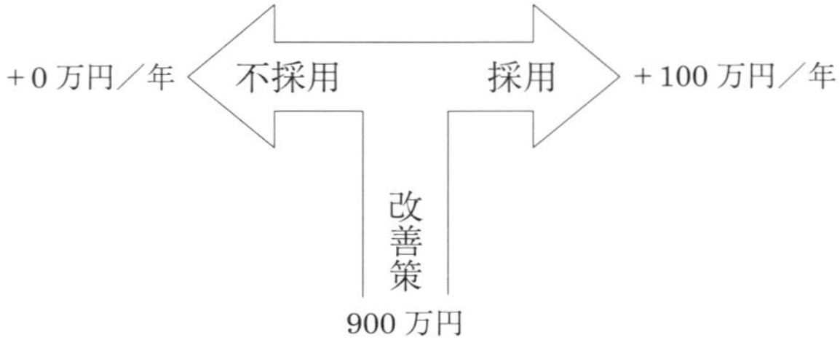

【解説】

見込める改善策の成功確率Pに理論的に明確に対応した利益は不明ですから、期待度曲線を利用します。まず改善策が成功して完全に改善されたとすると10年間の間に得る純利益は$10 \times 100 = 1{,}000$万円ということになります。そこでこの値を最大値とする期待度AEE曲線を図1-2のように描きます。つづいて改善策の成功確率に比例して改善のための必要経費がかかるわけですから、原点を通って$P = 1$で900万円を通る直線（短い破線）を引きます。

図から明らかなようにこの直線は期待度曲線と$P = 0.55$と$P =$

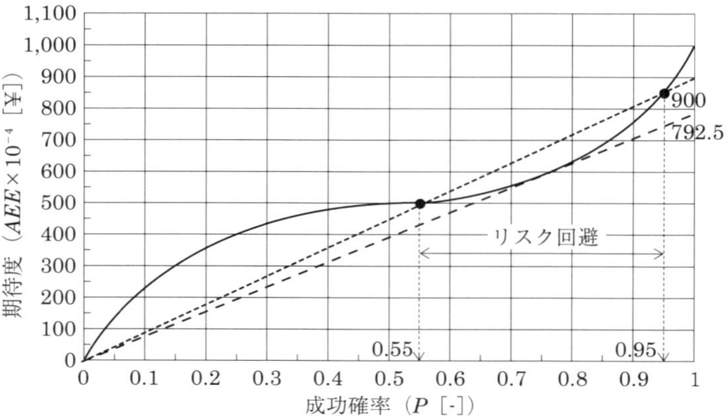

図1-2　期待度曲線と必要改善費その1

0.95 の 2 点で交差します。このことはPが $0 < P < 0.55$ では期待度の方が改善のための必要経費より大きくなっていて望ましいわけですから、改善策の成功確率がこの範囲に収まることが見込まれるときは改善策を断行してもよいことになります。一方、$5.5 < P < 0.95$ では改善のための必要経費の方が期待度より大きくなっていて不安ですから、改善策の成功確率がこの範囲になることが見込まれるときは改善策は断行すべきではないことになります。もちろん改善策の成功確率が$P > 0.95$ と見込める場合は期待度の方が改善のための必要経費より大きくなっていて望ましいわけですから、改善策を断行してもよいことになります。

しかしこの質問の改善策の成功確率にかかわらない結論としては、この改善策を断行してはいけないことになります。ここで少し視点を変えて、改善策を実施するための必要経費がどのくらいなら改善策の成功確率にかかわらず改善策を断行してよいかを考えてみましょう。つまり改善のための必要経費が利益より常に少なくなる限界を求めてみましょう。その限界は、原点を通る直線が期待度曲線の接線（長い破線）となる場合となります。この場合の直線が$P = 1$ で縦軸を横切る値は 792.5 万円です。言い換えると、最終利益の 79.25% 以下が許容される改善のための必要経費の場合に限り改善策の成功確率にかかわらず改善策を断行してよいことになります。

質問では最終の必要改善費は 900 万円であり、明らかに 792.5 万円を超えていますから、改善策の成功確率の如何にかかわらない結論を出すとすれば、この改善策は断行すべきでないことが確認できます。

改善策の成功確率を見込むときには、ありとあらゆる考えられる情報を集めて判断する必要があるのはもちろんであり、推測するときの留意点は前質問の場合と同じです。

正解

改善策は断行すべきではありません。しかし改善策の成功確率も考慮するとしたときは、改善策の成功確率が $0 < P < 0.55$ あるいは $P > 0.95$ と見込める場合は改善策を断行して構いません。また改善策の成功確率が $0.55 \leq P \leq 0.95$ と見込まれる場合は改善策は断行すべきではありません。

3．改善に必要な費用と利益　その2

【質問】

前の質問と同じような設定ですが、やはりAさんは現在ある化学品製造会社の社長です。Aさんの会社ではある製造プロセスを稼働していますが、その中には改善すべき箇所があり、その改善策も提案されていますが、その改善を成功するために必要な経費は、その改善策の成功確率に比例して増加し、最終的に完全に改善が達成されたときには900万円に到達してしまいます。しかし、その改善策を採用して完全に改善することができれば、純利益は現在の500万円から1,000万円に増えます。ではAさんはその改善策の成功確率がどの程度以上に見込める場合に、改善策を採用して改善に踏み切るべきでしょうか。

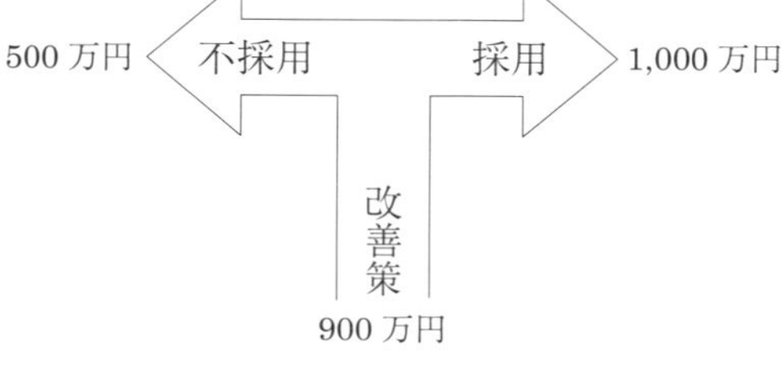

【解説】

見込める改善策の成功確率Pに理論的に明確に対応した利益は不明ですから、期待度曲線を利用します。そこで見込める改善策の成功確率Pに対して最大値が1,000万円となる期待度AEE曲線を図1-3のようにまず描きます。この図は図1-2と同じ期待度曲線です。そして原点を通って改善成功確率$P=1$で900万円を通る直線を引きます。するとその直線は期待度曲線と$P=0.55$と$P=0.95$の2点で交差します。Pが$0<P<0.55$では期待度の方が改善のための必要経費より大きくなっていて望ましいわけですが$P=0.55$における利益がほぼ500万円ですから、改善する意味はほとんどありません。また$0.55<P<0.95$では改善のための必要経費の方が期待度より大きくなっていて不安ですから改善することは諦めるべきです。しかし$0.95<P$では期待度の方が改善のための必要経費より大きくなっていて望ましいわけですから改善に踏み切っても構いません。ということは、見込める改善成功確率が$0\leq P\leq 0.95$の範囲になる場合は、改善に踏み切ることは止めた方が無難ですが、見込める改善成功確率

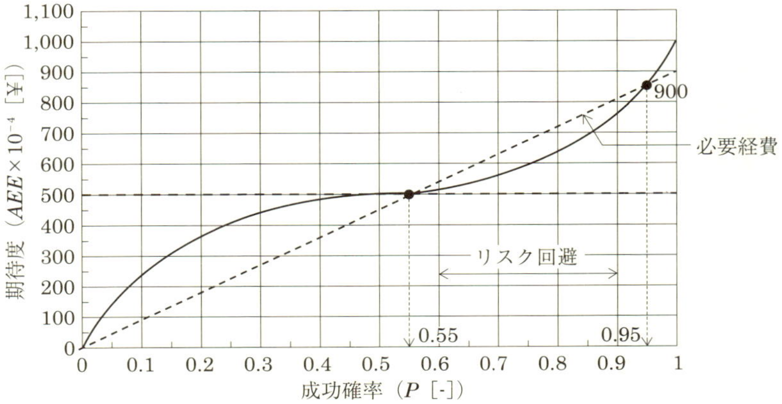

図1-3　期待度曲線と改善必要経費その2

が $0.95 < P$ の場合には改善策を断行しても安心です。もちろん、ここで注意すべきことは前述のように、まず現純利益と期待される純利益から改善策を実行すべき改善成功確率を求め、さらに質問にある改善のための必要経費と期待される純利益とから改善策を実行すべき改善成功確率を求めて、それ以上の改善成功確率が見込めるかどうかによって改善策を断行するかどうかを決めるべきです。

改善策の成功確率を見込む場合に留意すべき事項は前質問の場合と同じです。

正解

成功確率 $P > 0.95$ が見込める場合に、改善に踏み切ることができます。

4．改善点の優先順位

【質問】

ここでもAさんはある化学品製造会社の社長です。Aさんの会社で稼働している製造プロセス中には事故発生が懸念されるために改善しなければならないユニットが2つ（ユニット1、ユニット2）あります。それぞれのユニットが事故を起こす確率はユニット1が $P_1 = 0.2$、ユニット2が $P_2 = 0.8$ であり、ユニット1の価値 V_1 はユニット2の価値 V_2 の2倍の価値があります。この場合、どちらのユニットを優先して改善すべきでしょうか。

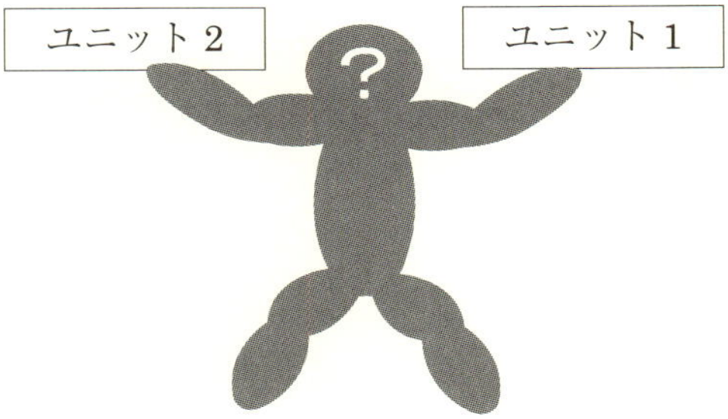

【解説】

見込める事故発生確率Pに理論的に明確に対応した損失は不明ですから不安度曲線を利用します。それぞれのユニットの価値因子はそれぞれ$V_1 = 2$、$V_2 = 1$とおけますから、まずユニット１の不安度AEA曲線は最大値２を、ユニット２の不安度AEA曲線は最大値１をとるように図1-4のように描きます。またそれぞれのユニットで事故が生じる確率がそれぞれ$P_1 = 0.2$、$P_2 = 0.8$ですから、ユニット１の不安度曲線では事故発生確率$P_1 = 0.2$を通って縦軸に平行な直線を、ユニット２の不安度曲線では事故発生確率$P_2 = 0.8$を通って縦軸に平行な直線を引き、それぞれがそれぞれの不安度曲線と交差する点を通って横軸に平行な直線を引いてその縦軸上の値、すなわちそれぞれの事故が生じる確率に対する不安度を求めると、ユニット１の場合は$AEA_1 = 0.72$、ユニット２の場合は$AEA_2 = 0.64$となり、ユニット１の方が不安度は高い値をとります。したがって不安度の高いユニット１の方が改善優先順位は高くなります。

しかし従来の線形的考え方、すなわち原点と$P = 1$における最大値とを直線で結んだ関係（図中の破線）に従えば、ユニット１の場合は$P = 0.2$における縦軸の値が0.40、ユニット２の場合は$P = 0.8$における縦軸の値が0.80となりユニット２の方が不安度が高くなりますか

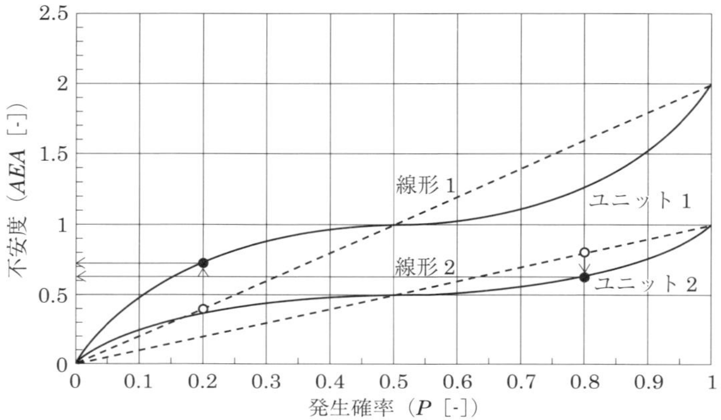

図 1-4　改善点の優先順位

ら、ユニット 2 の方が改善優先順位は高いという逆の結果となってしまいます。このように単に線形的な考え方で得られる結果と、人が感じる不安の程度に基づいて得られる結果では逆転してしまうことがよくあります。人が感じる不安を取り除くということを重要視すれば不安度曲線にしたがって優先順位を定めるべきです。

正解

ユニット 1 の方を優先して改善すべきです。

5．いくらあげたら賭けを止める？　どちらの賭けを選ぶ？

トバスキーとフォックス（1995）は賭けと選好に関する興味深い実験データを提供しています。2 人は 2002 年にノーベル賞（経済学賞）を受賞したダニエル・カーネマンと一緒に仕事をしていた研究者です。ここではトバスキーとフォックスが提出したデータ（表 1-1）を新たに

表 1-1　賭けと選好

	Tversky and Fox (1995) C (x, P):median certainty equivalent of prospect (x, P)	Author (based on new equation)
賭け (a)	*C* ($100,0.05)=$14	($100,0.05)=$14.3
(b)	*C* ($100,095)=$78	($100,0.95)=$85.6
(c)	*C* (-$100,0.05)=-$8	(-$100,0.05)=-$14.3
(d)	*C* (-$100,0.95)=-$84	(-$100,0.95)=-$85.6
選好 (a)	($30,1.0) > ($45,0.80)	($30,1.0)=$30 > ($45,0.80)=28.2
(b)	($45,0.20) > ($30,0.25)	($45,0.20)=$16.2 > ($30,0.25)=$12.2
(c)	($100,1.0) > ($200,0.50)	($100,1.0)=$100=($200,0.50)=$100

提案した期待度曲線や不安度曲線で説明できるかどうかを検討してみましょう。表中*C*（*x*, *P*）は確率*P*で*x*ドル得られる賭け（*x*が負値のときは*x*ドル支払う賭け）を示しており、右辺の値はもしその賭けを止めさせられる（*x*が負値のときは賭けを止めたい）としたら、いくら貰ったら賭けを止めてもよいか（*x*が負値のときはいくら払うから止めさせてほしいか）という問いに対する回答のメディアン値（大きさの順に並べたときの中央の値）を示しています。

例えば*C*（$100,0.05）= $14 は、確率 5% で 100 ドル貰える賭けの場合に「14 ドルくれたらこの賭けは止めてもいい」と回答したことを示しています。トバスキーとフォックスはこのような実験結果が得られる根拠は明確ではないと記していますが、はたして新たに提案した不安度曲線、期待度曲線はその結果に何がしかの根拠を与えられるかどうか興味が湧きます。

【質問 1】

まず表 1-1 中の賭けを見てください。トバスキーとフォックスの質問は以下の 4 つです。

①あなたは確率 5% で 100 ドル得ることができる賭けに直面していま

す。このとき「この賭けには参加しないでくれ」と頼まれました。あなたは「あらかじめ○○ドルくれたら参加しなくていいよ」と答えることにします。あなたはこの○○にどのような数字を書き込みますか。

②あなたは確率 95% で 100 ドル得ることができる賭けに直面しています。このとき「この賭けには参加しないでくれ」と頼まれました。あなたは「あらかじめ○○ドルくれたら参加しなくていいよ」と答えることにします。あなたはこの○○にどのような数字を書き込みますか。

③あなたは確率 5% で 100 ドル支払わなければならない賭けに直面しています。このとき「この賭けには参加したくない」と思いました。あなたは「あらかじめ○○ドル払うから参加させないでほしい」と伝えることにします。あなたはこの○○にどのような数字を書き込みますか。

④あなたは確率 95% で 100 ドル支払わなければならない賭けに直面しています。このとき「この賭けには参加したくない」と思いました。あなたは「あらかじめ○○ドル払うから参加させないでほしい」と伝えることにします。あなたはこの○○にどのような数字を書き込みますか。

【解説】

当たる確率Pに理論的に明確に対応した利益あるいは損失は不明ですから、それぞれ期待度曲線あるいは不安度曲線を利用します。各質問に対してどのような数字を書き込むことになるかは、この期待度曲線あるいは不安度曲線に基づいて判断することになります。①と②の場合はお金を得る場合ですから、最大値 100 ドルをとる期待度***AEE***曲線を、③と④の場合はお金を払う場合ですから、最大値 100 ドルをとる不安度***AEA***曲線を図 1-5 のように描きます。①と②の場合の期待度曲線と③と④の場合の不安度曲線の曲線そのものは最大値は 100 ドルで同じですから同じ曲線になります。

①の場合は当たる確率Pが 0.05 を通る縦軸に平行な直線と期待度曲線の交点が示す期待度曲線の縦軸の値を求めると 14.3 ドルとなり、14 ドルと回答するであろうと推測されます。

②の場合は当たる確率Pが 0.95 を通る縦軸に平行な直線と期待度曲線の交点が示す期待度曲線の縦軸の値を求めると 85.6 ドルとなり、86 ドルと回答するであろうと推測されます。

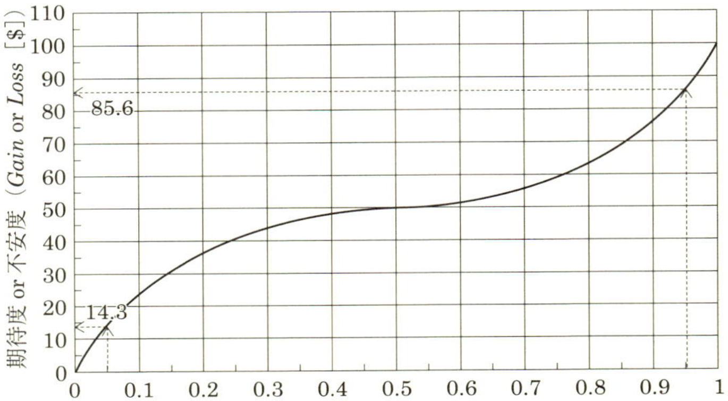

図 1-5　C($100,0.05) と C($100,0.95)

③の場合は当たる確率Pが 0.05 を通る縦軸に平行な直線と不安度曲線の交点が示す不安度曲線の縦軸の値を求めると 14.3 ドルとなり、14 ドルと回答するであろうと推測されます。

④の場合は当たる確率Pが 0.95 を通る縦軸に平行な直線と不安度曲線の交点が示す不安度曲線の縦軸の値を求めると 85.6 ドルとなり、86 ドルと回答するであろうと推測されます。

このように期待度曲線あるいは不安度曲線から導出された結果は、トバスキーとフォックスが得た実験結果と多少の違いは見られますが、おおむね見事にトバスキーとフォックスが得た実験結果と一致していると考えられます。実験の回答者は知らず知らずのうちに心の中で上記期待度曲線あるいは不安度曲線を描いて回答しているのかもしれません。

正解 1

いずれの質問にも新たに提案した不安度曲線、期待度曲線によって以下の解が得られます。

① 14.3 ドル。トバスキーとフォックスが得た実験結果 14 ドルとほぼ完全に一致しています。

② 85.6 ドル。トバスキーとフォックスが得た実験結果 78 ドルと 8 ドルの違いだけです。

③ 14.3 ドル。トバスキーとフォックスが得た実験結果 8 ドルと 6 ドルの違いだけです。

④ 85.6 ドル。トバスキーとフォックスが得た実験結果 84 ドルと僅か 2 ドルの違いだけです。

【質問 2】

次に表 1-1（19 頁）中の選好を見てください。トバスキーとフォックスの質問は以下の 3 つです。

①あなたは100%の確率で30ドル得られる賭けと、80%の確率で45ドル得られる賭けがあったとしたら、どちらの賭けを選好しますか。
②あなたは20%の確率で45ドル得られる賭けと、25%の確率で30ドル得られる賭けがあったとしたら、どちらの賭けを選好しますか。
③あなたは100%の確率で100ドル得られる賭けと、50%の確率で200ドル得られる賭けがあったとしたら、どちらの賭けを選好しますか。

【解説】

いずれの質問においても当たる確率Pに理論的に明確に対応した利益は不明ですから期待度曲線を利用して結果を導出することができます。

①の場合は最大値が30ドルと45ドルをそれぞれとる2本の期待度AEE曲線を図1-6のように描き、それぞれ$P=1$および$P=0.8$を通る縦軸に平行な直線がそれぞれの期待度曲線と交差する点の縦軸の値を求めると、($30,1.00) = $30、($45,0.80) = $28.8となり、100%の確率で30ドル得られる賭けの方が期待度は大きくなりますから、こちらを選好するのは当然です。これはトバスキーとフォックスが得た実験結果と一致します。

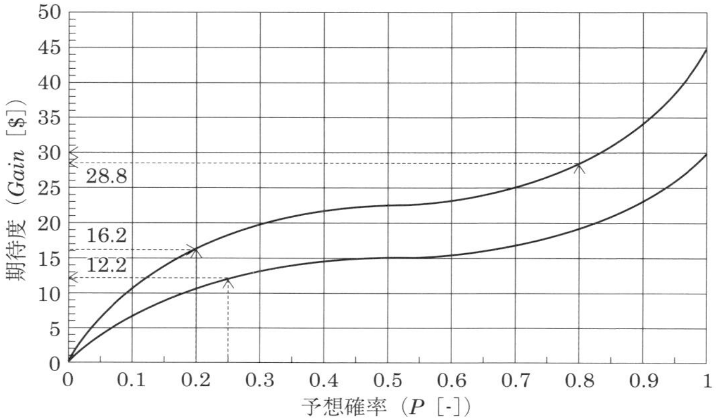

図 1-6　（$30,1.00）＝ $30 ＞（$45,0.80）＝ $29 と（$45,0.20）＝ $16 ＞（$30,0.25）＝ $12

②の場合は最大値が 45 ドルと 30 ドルをそれぞれとる 2 本の期待度 *AEE* 曲線をやはり図 1-6 のように描き、それぞれ P = 0.2 および P = 0.25 を通る縦軸に平行な直線がそれぞれの期待度曲線と交差する点の縦軸の値を求めると、（$45,0.20）= $16.2、（$30,0.25）= $12.2 となり、20% の確率で 45 ドル得られる賭けの方が期待度は大きくなりますから、こちらを選好するのは当然です。これもトバスキーとフォックスが得た実験結果と一致します。

ところで与条件からはずれますが（$30,0.25）を（$30,0.30）と変化させた場合を考えてみましょう。従来の線形的な考え方では $30 × 0.30 = $9 となり $45 × 0.20 = $9 と同じになりますから、従来の線形的な考え方ではどちらを選好するか分かりませんが、期待度曲線からは（$30,0.30）= $13.2 となり、この場合も（$45,0.20）＞（$30,0.30）となり、（$45,0.20）を選好することが予想されます。さらに（$30,0.35）としたときには従来の線形的な考え方では（$45,0.20）= $9 ＜（$30,0.35）= $10.5 となり、（$30,0.35）が選好される

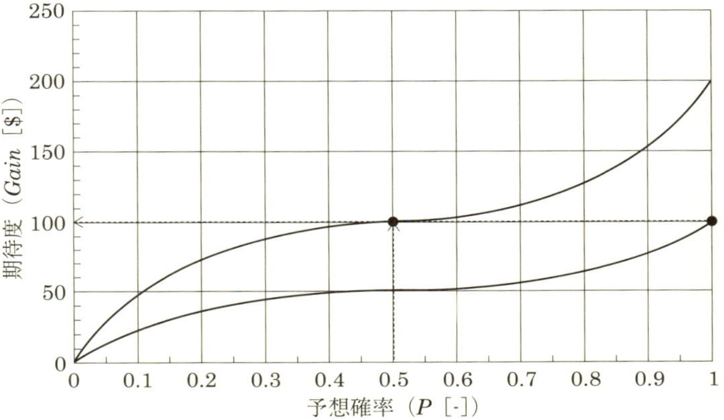

図 1-7　($200,0.50) = $100 と ($100,1.00) = $100

ことが予想されますが、期待度曲線からは（$45,0.20）= $16.2 > ($30,0.35) = $14.0 となり、やはり（$45,0.20）を選好することが予想されます。

③の場合は最大値が 100 ドルと 200 ドルをそれぞれとる 2 本の期待度曲線を図 1-7 のように描き、それぞれ $P=1$ および $P=0.50$ を通る縦軸に平行な直線がそれぞれの期待度曲線と交差する点の縦軸の値を求めると、それぞれ 100 ドルと 100 ドルですから、どちらの賭けの期待度も等しくなりますからどちらを選好してもよいことになります。

トバスキーとフォックスによる実験の回答者が選んだのは 100% の確率で 100 ドル得られる賭けであり、この結果だけは期待度曲線からの結果と一致はしませんでした。これはきっと実験の回答者が期待度は同じでも何も得られなくなる可能性のある場合を忌み嫌った結果と考えられます。

以上のように期待度曲線を用いればどちらを選好するかを容易に推測することができることを分かっていただけたと思います。同様に不安度曲線も選好の場合の判断基準として利用できます。

正解２

いずれの質問にも新たに提案した期待度曲線によって以下の解が得られます。

① 100%の確率で 30 ドル得られる賭けを選好する。トバスキーとフォックスが得た実験結果と一致します。

② 20%の確率で 45 ドル得られる賭けを選好する。トバスキーとフォックスが得た実験結果と一致します。

③どちらも同じ期待度になりどちらでもよい。トバスキーとフォックスが得た実験結果と一致しませんが、どちらでもよいわけですから半分一致していると見なすこともできます。しかし同額なら生起する確率が高い方を選好するものだと考えれば実験結果と一致します。

6．こんな結果は考えられない！

【質問】

トバスキーとフォックスはまたこんな結果も示しています。スタンフォード（Stanford）大学とカリフォルニア大学バークレー（Berkley）校とのフットボールの試合に関して、スタンフォード大学の 112 名の学生に表 1-2 に示す 3 つの組合わせについてそれぞれどちらに賭けるか尋ねたところ、表に示すような g_1 より f_1、g_2 より f_2、そして f_3 より g_3 を選好した結果が得られたそうです。さらに（f_1, f_2, g_3）を選好した者が 36%を占めたとのことです。従来の線形的な考え方に従えば、g_1 より f_1、g_2 より f_2 を選好した者は当然 g_3 より f_3 を選好するはずです。しかし、f_1 と f_2 を選好した 55 名のうち 64%の者が g_3 を選好したそうです。

トバスキーとフォックスはこの結果は従来の線形的な考え方ではまったく説明できないと述べていますが、はたしてこの結果を期待度

表 1-2　フットボールの試合の 3 つの賭け

賭け	選択肢	事象				選好割合 [%]
		A [$]	B [$]	C [$]	D [$]	
1	f_1	25	0	0	0	61
	g_1	0	0	10	10	39
2	f_2	0	0	0	25	66
	g_2	10	10	0	0	34
3	f_3	25	0	0	25	29
	g_3	10	10	10	10	71

Note. A: Stanford wins by 7 or more points
B: Stanford wins by less than 7 points
C: Berkley ties or wins by less than 7 points
D: Berkley wins by 7 or more points
Preference: percentage of respondents that chose each option (Tversky and Fox, 1995)

曲線に基づいて説明することができるでしょうか。この結果を説明することができるためには、スタンフォード大学の 112 名の学生があらかじめ心に抱いていた各事象の生起確率が推測できる必要がありますが、その生起確率を推測することができればよいことになります。ではその生起確率としてどのようなものを考えればよいでしょうか。

【解説】

当たる確率Pに理論的に明確に対応した賞金は不明ですから期待度曲線を利用します。学生があらかじめ心に抱いていた各事象の生起確率が推測できれば、期待度曲線を用いてこの結果は上手に説明できます。筆者がいろいろと試行した結果、スタンフォード大学の 112 名の学生が事象A,B,C,Dの生起確率として、$P_A = 0.1$, $P_B = 0.4$, $P_C = 0.4$, $P_D = 0.1$ を当初からもっていたと考えればすべてうまく話ができることにたどり着きました。得られる賞金は 10 ドルか 25 ドルですから、最大値を 10 ドルおよび 25 ドルをそれぞれとる期待度*AEE*曲線を図 1–8 のように描きます。

f_1 の値は最大値 25 ドルの期待度曲線における$P = 0.1$ の値 5.86 ドルであり、g_1 の値は最大値 10 ドルの期待値曲線における$P = 0.5$（= 0.1 + 0.4）の値 4.85 ドルですから当然f_1 を選好する方が多くなるはずであり、トバスキーとフォックスの結果と一致します。

またf_2 の値は最大値 25 ドルの期待度曲線における$P = 0.1$ の値

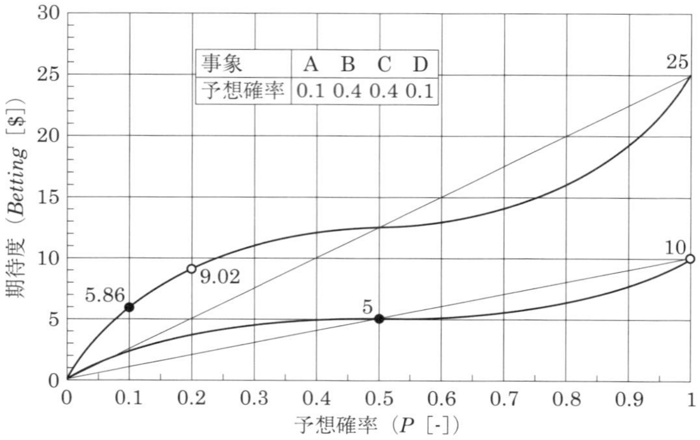

図 1–8　学生が示した賭け率の合理性

5.86ドルであり、g_2 の値は最大値10ドルの期待度曲線における P＝0.5（＝0.1＋0.4）の値5.00ドルですから当然 f_2 を選好する方が多くなるはずです。この結果もトバスキーとフォックスの結果と一致します。

そして f_3 の値は最大値25ドルの期待度曲線における P＝0.2（＝0.1＋0.1）の値9.02ドルであり、g_3 の値は最大値10ドルの期待度曲線における P＝1の値10ドルですから当然 g_3 を選好する方が多くなって当然で、これもトバスキーとフォックスの結果と一致します。

このようにあらかじめ、事象A,B,C,Dの生起確率として、P_A＝0.1, P_B＝0.4, P_C＝0.4, P_D＝0.1が判断のベースとなっていたと考えれば、トバスキーとフォックスの実験で得られた結果には何の矛盾もないことが、期待度曲線を用いてうまく説明できたことになります。このように、回答結果からあらかじめ心に抱いていた各事象の生起確率を推測することも可能であることが分かります。

なお、f_3 よりも g_3 を選好した理由の1つには、何も得られなくなる可能性がある場合を忌み嫌うことも反映している結果とも考えることができます。このことは前質問の③と通じることです。

正解

学生たちは、事象A,B,C,Dの生起確率として P_A＝0.1, P_B＝0.4, P_C＝0.4, P_D＝0.1をあらかじめ心に抱いていたとすれば、表1-2の結果は明解に説明できます。

7．原発事故の不安度

【質問】

2011 年 3 月 11 日に東日本地震が勃発し、極めて甚大な津波の被害を受けました。特に津波の影響で生じた東京電力福島第一原発の事故はメルトダウンという深刻な結果を生みました。今まで原発の寿命を仮に 40 年とした場合にその運転期間中にシビアアクシデントが起こる確率は、福島第一原発で 10 万分の 1.71 とされてきたようです。東電の福島第一原発事故による損害額は、避難住民への賠償費約 10 兆円、東電の汚染水浄化費用約 20 兆円、原子炉稼働年数短縮による損失約 15 兆円、その他観光産業・輸出食品産業の損害約 20 兆円その他を合わせて約 84 兆円に上る可能性が指摘されています。ではこの場合の事故発生確率が 1 のときの損害額はどの程度でしょうか。

【解説】

見込める事故発生確率に理論的に明確に対応した損失は不明ですから、不安度曲線に基づいて議論することになります。この確率 10 万分の 1.71 の場合の不安度は図序−2（6 頁）から 0.000148 と極めて小さい値が推定されます。この値が今回の原発事故の価値の 84 兆円に相当しますから事故発生確率 1 では 84 兆円／0.000148 = 567567.6 兆円 = 56.8 京円となり約 57 京円の損害額ということになります。

つまり福島の原発事故の場合の不安度曲線は、最大値 57 京円となる曲線であるという意味です。40 年に 1 回の確率で予想される事故のために、最大値 57 京円の不安度曲線に基づいた検討をしなければならないことは、大変な議論を呼ぶことになるでしょう。

正解

約 57 京円の損害額です。

第 II 章

不安度曲線・期待度曲線にもう一つの関係曲線を導入する場合

人間は常に不安を感じたり期待したりします。不安に相反する言葉としては安心あるいは安寧、期待に相反する言葉としては憂慮という言葉があります。しかしある事象の生起に不安あるいは憂慮を感じた場合でも、裏返せばその事象を意識しなかったときと比較すれば安心や安寧の程度あるいは期待の程度がいくらか減っただけで、まだある程度の安心や安寧あるいは期待は残っていると考えることができますから、どのような事象の生起に関してもポジティブな視点で議論することができます。

人が感じる不安や期待の程度は、事象の生じる生起確率に対して不安度曲線や期待度曲線で表示できることはすでに述べました。では不安度が０になる生起確率０を追及したいと考えることも、期待度が１になる生起確率１を追求したいと考えることも当然ですが、常に生起確率０や１を求め続けて行動することが最適でしょうか。ここまで私たちはある１つの事象についてのある１つの局面から捉えて話を進めてきましたが、実際には１つの事象についても複数の局面で捉えなければならない場合が多くあります。例えば病気を患ったとき、完治することを期待しますが、一方では治療にかかる費用が生活を圧迫するかもしれません。このようなときは完治を追求できずある程度の治癒で満足することが最適となります。またゴルフに興じるとき、力の限りクラブを振りぬいて遠くへボールを飛ばすことを期待しますが、一方ではフックやスライス等が生じて球筋が安定しないかもしれません。このようなときは力の限りを尽くしてボールの飛距離を追求せず、ある程度の力でスイングすることが最適となります。このような事態が生じることを踏まえて、不安度曲線・期待度曲線にもう１つの関係曲線を導入することも考えておかなければなりません。このような事態が生じる場合は、次の２つの場合を考えておけば十分です。

①ある望ましい事象が生起する確率が増えることによって望ましい因子fに関する期待の程度が単調増加する以外に、その事象が生起する確率が増えるとともにそれに起因する他の望ましい因子gの値が次第に小さな値をとって単調減少する場合。

②ある望ましい事態が生起する確率が増えることによって望ましい因子fに関する期待の程度が単調増加する以外に、その事象が生起する確率が増えるとともにそれに起因する他の望ましくない因子gに関する不安の程度も単調増加する場合。

さて、①の場合は、２つの因子fとgは共に望ましい因子ですが、１つの因子fは単調増加し他の因子gは単調減少します。ここで$P=0$でのgの余裕度を１としたときの$P=P$におけるgの余裕度の減少量をngと表すと（$1-ng$）は$P=P$におけるgの残存余裕度を示す修正因子ということになります。またこのnはgの重要度のfの重要度に対する比率（gの重要度：fの重要度＝n：1）いうことになり、gの重要度がfの重要度と比較して小さい場合は小さな値をとり、gの重要度がfの重要度と比較して無視できなくなるに従って大きな値をとります。

しかし②の場合は、２つの因子の１つは望ましくない因子gで残りの因子は望ましい因子fですが、望ましくない因子gは単調増加し、他の望ましい因子fも単調増加します。この場合に両因子を考慮したときの最適な生起確率についての議論を進めるにあたっては、以下のように考えます。ここで$P=0$でのgの余裕度を１としたときの$P=P$におけるgの余裕度の減少量をngと表すと（1-ng）は$P = P$におけるgの残存余裕度を示す修正因子ということになり、これはポジティブな値の単調減少の過程として取り扱うことができます。またこのnはgの重要度のfの重要度に対する比率（gの重要度：fの重要度＝n：1）いうことになり、gの重要度がfの重要度と比較して小さい場合は小さな値をとり、gの重要度がfの重要度と比較して無視できなくなるに従って大きな値をとります。

こうすることにより①、②のいずれの場合も２つの因子の一方は単調増加、他方は単調減少を示し、かつ両因子ともポジティブな値となります。つまりいずれの場合も２つの因子の１つは生起確率の増加とともに０から１へ単調増加し、他方は１からある値へ単調減少します。両因子を考慮して最適な生起確率についての議論を進めるにあたっては、ポジティブな値をとる両因子の積を評価値として、その評価値が最大値を示す生起確率をもって最適な生起確率とすることができます（両因子がネガティブな値となるように設定してその値が最小となる生起確率を追求するということでは不都合が生じます。その理由は、不安度曲線は正規確率$P = 0$で０をとり、残るもう一方の因子は生起確率$P = 1$で０に近づく値をとりますから、ネガティブな値をとる両因子の積は生起確率$P = 0$と$P = 1$で０をとることになり、$P = 0$と$P = 1$の間で最大値をとることになるからです)。具体的には、①、②、③の各場合の２つ目の因子の関数としては、それぞれ以下の単純な関数を考えることにします。

①一方が$P = 0$で0、$P = 1$で１の値をとる｛1-exp(-6.91P)｝あるいはP^m、他方は$P = 0$で1、$P = 1$で１以下のある値をとる（1-nP^m）あるいは（1-$nAEA$)。

②一方が$P = 0$で0、$P = 1$で１の値をとるAEE、他方は$P = 0$で1、$P = 1$で１以下のある値をとる（1-$nAEA$)。

もちろん上記関数以外に後述するように明確な関数が設定される場合もあります。

まず最初に、後述する期待度とか不安度を利用する場合と比較する意味であえて期待度とか不安度を利用しない場合を示しておきましょう。

1．増加関数が $\{1-\exp(-kP)\}$ の場合

1.1　減少関数が $(1-nP^m)$ の場合

(1) 扇風機の羽根は速く回したいけど電気代は少なくしたい

【質問】

蒸し暑い夏の日はせめて扇風機を回して涼をとりたいと思うものです。羽根を速く回すほどより涼しくなりますが、一方では電気代がかかります。涼しさの指標 C と羽根の回転速度 N との間には $C=1-\exp(-6.91N^*)$ の関係があるとしましょう。ここで N^*（＊は無次元次数を表す）は羽根の回転速度 N を $C=0.999$（～1）となる最大羽根回転速度 $Nmax$ で割った無次元の羽根回転速度です。また羽根を速く回転させるほど電気代がかかりその電気代は羽根の回転速度の 3 乗に比例するとします。では電気代の重要度を涼しさの重要度の 1/10 と考えた場合には、最適な羽根回転速度をどのように設定したらよいでしょうか。

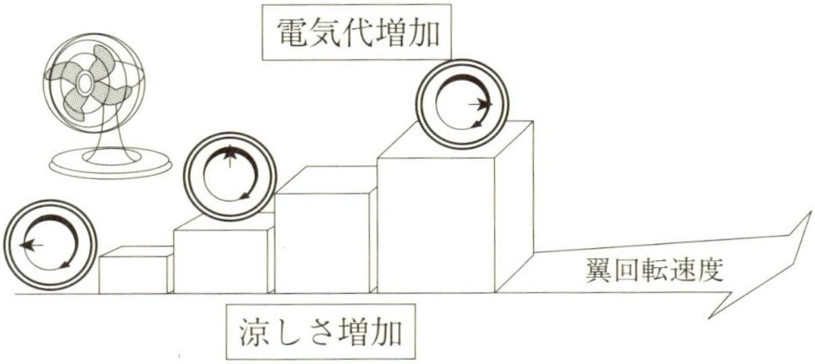

【解説】

涼しさの指標Cが最大値1をとる羽根回転速度$Nmax$で割った無次元の羽根回転速度N^*を回転率Pで表すことにしましょう（これは以降の質問でもすべて確率はPで表しますのでそれに合わせるためです）。

この質問の場合の検討すべき因子は、涼しさと電気代ということになります。

涼しさ指標Cは与条件から$C = 1-\exp(-kP)$で一般的に表しておきましょう。このCは$0 \leq C \leq 1$の値をとります。この涼しさ指標Cは回転率Pが大きくなるとともに大きな値をとります。

一方、羽根回転による電気代は羽根回転速度のm乗に比例すると一般的に考えますとP^mと表せます。ここで、羽根を回転させる前$P = 0$での電気を使っていない状態での電気代の余裕度を1としたときの回転率$P = P$における電気代の余裕度の減少量をnP^mと表すと（$1-nP^m$）は回転率$P = P$における電気代の残存余裕度ということになります。ここでnは電気代の重要度の涼しさの重要度に対する比率（電気代の重要度：涼しさの重要度＝n：1）ということになり、電気代の重要度が涼しさの重要度と比較して小さい場合は小さな値をとり、電気代の重要度が涼しさの重要度と比較して無視できなくなるに従って大きな値をとります。この（$1-nP^m$）は回転率Pの増加とともに減少します。

ここで涼しさは促進されるほど望ましいですし、電気代の余裕度も大きいほど望ましいですから、この両因子の積$I = \{1-\exp(-kP)\}(1-nP^m)$の値も大きいほど望ましいことになります。本質問の場合はk = 6.91、m = 3ですから、これらの値を用いて$I = \{1-\exp(-6.91P)\}(1-nP^3)$を回転率$P$に対して描きますと図2-29（112頁）が得られます。描かれる曲線の最大値$Imax$はnの値によって変化します。nの値が大きくなるととも$Imax$をとるP値は減少します。このことは電気代の重要度と涼しさの重要度の関係によって最適な羽根回転速度が変

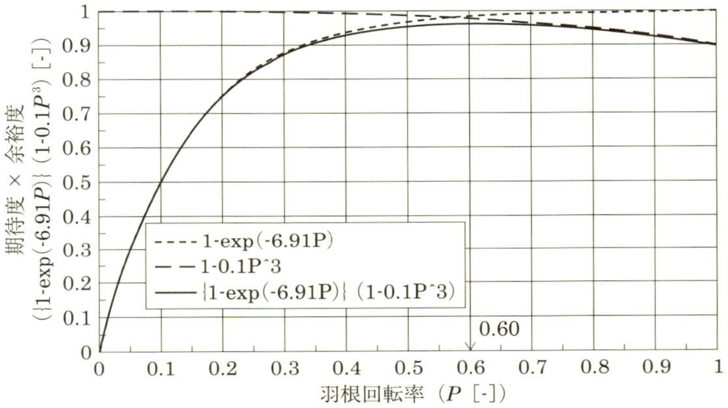

図 2-1　最適扇風機翼回転速度

わることを示しています。両方の因子の重要度を等しく考える場合は $n = 1$ となりますから、$Imax$ をとる P 値は 0.39 となり最大羽根回転速度 $Nmax$ の 39%に設定する必要があります。多くの場合には電気代よりも涼しさの方を重視しますから $Imax$ をとる P 値は大きな値をとり、電気代を無視できる場合、すなわち $n = 0$ の場合は $Imax$ をとる P 値は 1.00 となり最大羽根回転速度 $Nmax$ に設定することができます。

さて与条件の場合は $n = 0.1$ ですから図 2-1 のようになり、$Imax$ は $P = 0.6$ でとりますから、羽根回転速度を最大羽根回転速度 $Nmax$ の 60%に設定するのが最適ということになります。

正解

最大羽根回転速度 $Nmax$ の 60%に設定するのが最適です。

1.2　減少関数が（1-*nAEA*）の場合

（1）調理用ミキサーの翼を速く回したいけどミキサーにも損傷を与えたくない

【質問】

ミキサーを用いて調理することを考えます。ミキサーの翼を速く回転させるほど調理性能は上がりますが、一方ではより大きな負担がミキサーにかかります。ここでミキサーの調理性能の指標Wはミキサーの翼回転速度Nを可能な最大翼回転速度$Nmax$で無次元化した無次元の翼回転速度N^*に対して$W = 1\text{-}\exp(-6.91N^*)$で表されるとします。ではミキサーの耐久性の重要度を調理性能の重要度の6/10と考えた場合には最適な翼回転速度をどのように設定したらよいでしょうか。

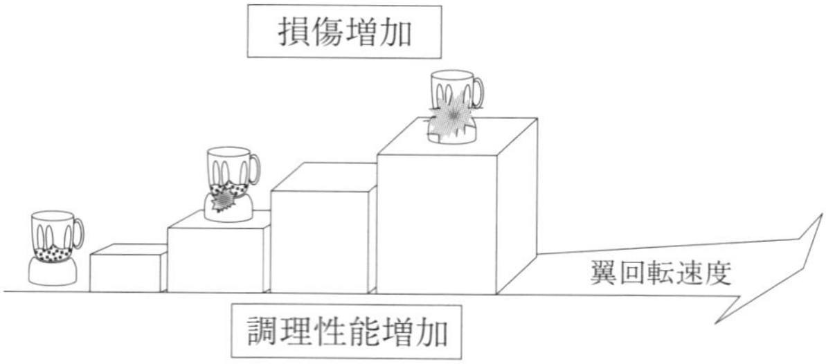

【解説】

可能な最大翼回転速度$Nmax$で無次元化した回転速度N^*をあらためて回転率Pと表すことにしましょう。こうすればこのPは上記の与条件のN^*と同じです。

この質問の場合の検討すべき因子は、ミキサーの調理性能と耐久性ということになります。

調理性能の指標は$W = 1\text{-}\exp(-kP)$で一般的に表しておきましょう。このWは$0 \leq W \leq 1$の値をとります。この調理性能の指標W

は回転率Pが大きくなるとともに大きな値をとります。

一方、ミキサーを使用するとき翼回転速度が大きいほどミキサーが耐えられるか不安になり、回転率Pが大きくなればなるほどその不安は大きくなります。このミキサーの耐久性と回転率Pの理論的に明確な関係は不明ですので不安度AEA曲線を利用します。このAEAは$0 \leq AEA \leq 1$の値をとります。ここで翼を回転させる前$P = 0$におけるミキサーが新たな損傷を受けていない状態でのミキサーの耐久性の余裕度を1としたときの回転率$P = P$におけるミキサーの耐久性の余裕度の減少量を$nAEA$と表すと（$1-nAEA$）は回転率$P = P$におけるミキサーの耐久性の残存余裕度ということになります。ここでnはミキサーの耐久性の重要度の調理性能の重要度に対する比率（ミキサーの耐久性の重要度：調理性能の重要度＝n：1）ということになり、ミキサーの耐久性の重要度が調理性能の重要度と比較して小さい場合は小さい値をとり、ミキサーの耐久性の重要度が調理性能の重要度と比較して無視できなくなるに従って大きな値をとります。この（$1-nAEA$）は回転率Pの増加とともに減少します。

ここで調理性能も高い方が望ましいですし、ミキサーの耐久性に関する余裕度も大きいほど望ましいですから、この両因子の積$I = \{1-\exp(-kP)\}(1-nAEA)$も大きいほど望ましいことになります。本質問では$k = 6.91$ですから、これらの値を用いて$I = \{1-\exp(-6.91P)\}(1-nAEA)$を翼回転率$P$に対して描きますと図2-30（112頁）が得られます。描かれる曲線の最大値$Imax$はnの値によって変化します。nの値が大きくなるとともに$Imax$をとるP値は減少します。このことは調理性能の重要度に対するミキサーの耐久性の重要度の関係によって最適な翼回転速度が変わることを示しています。両方の因子の重要度を等しく考える場合は$n = 1$となりますから$Imax$をとるP値は0.28となります。でもこの$n = 1$の場合も$P = 0.25$-0.6の範囲ではIの値

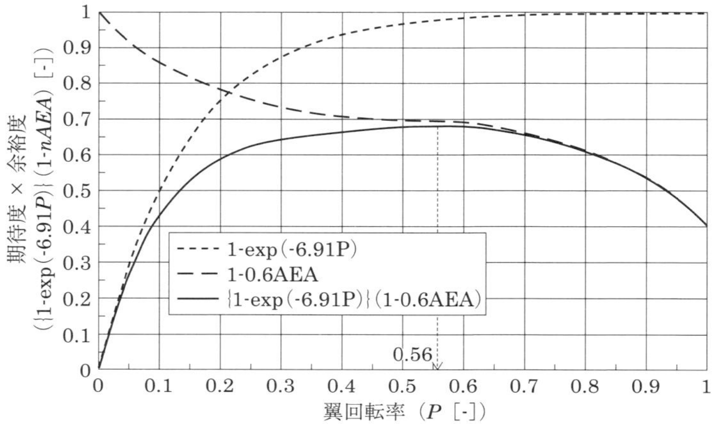

図 2-2　最適ミキサー回転速度

はほとんど同じですから、最適な翼回転速度は可能な最大翼回転速度 $Nmax$ の 25～60％としても大きな違いはありません。多くの場合はミキサーの耐久性よりも調理性能の方を重視しますから、$Imax$ をとる P 値は大きな値をとり、ミキサーの耐久性を無視できる場合、すなわち $n = 0$ の場合は $Imax$ をとる P 値は 1.00 となり、最大翼回転速度 $Nmax$ に設定することができます。

さて与条件の場合は $n = 6/10 = 0.6$ ですから図 2-2 のようになり、$Imax$ は $P = 0.56$ でとりますから翼回転速度は最大翼回転速度の 56％に設定するのが最適ということになります。

正解

最大翼回転速度の 56％の翼回転速度に設定するのが最適です。

(2) 仕事の成果も上げたいけど体力消耗も少なくしたい

【質問】

Cさんは上司からある仕事を任せられたとしましょう。仕事にかける時間の割合が増加するとともに成果はより促進されますが、一方では大きな負担が身体にかかり体力を消耗します。仕事の成果 W は1日のうちその仕事にかける時間の割合 P に対して $W = 1\text{-}\exp(-6.91P)$ で表されるとします。では体力消耗の重要度と仕事の成果の重要度を等しく考えた場合は、1日のうちどれくらいの時間を仕事するのが最適でしょうか。

【解説】

1日のうちで仕事にかける時間の割合を時間率Pと表すことにしましょう。

この質問の場合の検討すべき因子は、仕事の成果と体力消耗ということになります。

仕事の成果は$W = 1\text{-}\exp(-kP)$ で一般的に表されるとしましょう。このWは$0 \leq W \leq 1$の値をとります。この仕事の成果Wは時間率Pが大きくなるとともに大きな値をとります。

一方、時間率Pが大きいほど体力が耐えられるか不安になります。この体力消耗と時間率Pの理論的に明確な関係は不明ですので不安度AEA曲線を利用します。このAEAは$0 \leq AEA \leq 1$の値をとります。

ここで、仕事を始める前$P=0$における体力がまったく消耗していない状態の体力の余裕度を1としたときの時間率$P=P$における体力の余裕度の減少量を$nAEA$と表すと（1−$nAEA$）は時間率$P=P$における体力の残存余裕度ということになります。ここでnは体力の重要度の仕事の成果の重要度に対する比率（体力の重要度：仕事の成果の重要度＝n：1）ということになり、体力の重要度が仕事の成果の重要度と比較して小さい場合は小さな値をとり、体力の重要度が仕事の成果の重要度と比較して無視できなくなるに従って大きな値をとります。この（1−$nAEA$）は時間率Pの増加とともに減少します。

ここで仕事の成果も大きい方が望ましいですし、体力に関する余裕度も大きいほど望ましいですから、この両因子の積$I=\{1-\exp(-kP)\}(1-nAEA)$も大きいほど望ましいことになります。本質問ではk = 6.91ですから、これらの値を用いて$I=\{1-\exp(-6.91P)\}(1-nAEA)$を時間率$P$に対して描きますと図2-30（112頁）が得られます。描かれる曲線の最大値$Imax$はnの値によって変化します。nの値が大きくなるとともに$Imax$をとるP値は減少します。このことは仕事の成果の重要

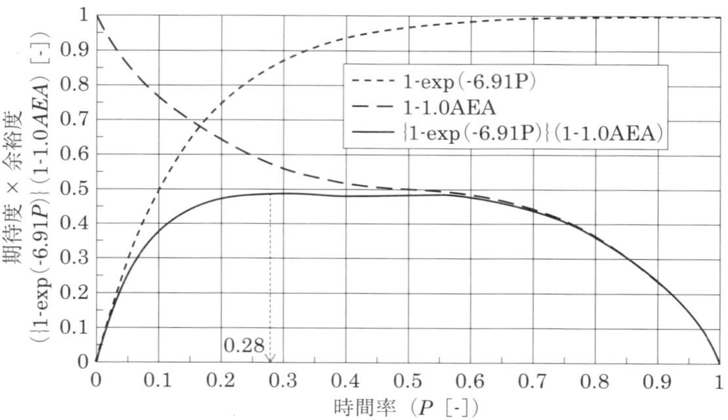

図2-3　最適仕事時間

度に対する体力消耗の重要度の関係によって最適な仕事時間が変わることを示しています。両方の因子の重要度を等しく考える場合は$n = 1$となりますから$Imax$をとるP値は0.28となります。でもこの$n = 1$の場合も$P = 0.25$-0.6の範囲ではIの値はほとんど同じですから最適な仕事時間は1日の25～60%、すなわち6-14.4時間としても大きな違いはありません。多くの場合は体力消耗よりも仕事の成果の方を重視しますから$Imax$をとるP値は大きな値をとり、体力消耗を無視できる場合、すなわち$n = 0$の場合は$Imax$をとるP値は1.00となり、1日24時間仕事をしても構いません。

さて与条件の場合には$n = 1$ですから図2-3のようになり、$Imax$は$P = 0.28$でとりますから1日の28%の時間、すなわち6.92時間を仕事にあてるのが最適ということになります。

正解

1日の28%の時間、すなわち6.92時間を仕事にあてることが最適です。

2．増加関数がP^mの場合

2.1　減少関数が（1-$nAEA$）の場合

(1)　食欲は満たしたいけど病気も気になる

【質問】

Aさんは、食事をするときは満腹するまで食べ尽くさないと気が済みませんが、周りの人からは食べ過ぎは健康に悪いと常に注意されています。ではAさんが食事をするとき、健康状態の重要度を食事量の重要度の7/10と考えた場合には食事量をどのように設定したらよいでしょうか。

【解説】

食事をするとき満腹するための食事量を1として摂った食事量を完食率Pで表すことにしましょう。

この質問の場合の検討すべき因子は、健康と食事量ということになります。

完食率Pが大きくなるに従って満足感が増加します。この満足感は完食率Pに明確に理論的に比例すると考えてPと表します。

一方、完食率Pが大きくなればなるほど健康状態が悪くなることが不安になります。この健康状態が悪くなる程度と完食率Pの理論的に明確な関係は不明ですので不安度AEA曲線を利用します。このAEAは$0 \leq AEA \leq 1$の値をとります。ここで、食事をする前$P=0$における健康がまったく悪化していない状態での健康状態の余裕度を1としたときの完食率$P=P$における健康状態の余裕度の減少量を$nAEA$と表すと（$1-nAEA$）は完食率$P=P$における健康状態の残存余裕度ということになります。ここでnは健康状態の重要度の食事量の重要度に対する比率（健康状態の重要度：食事量の重要度$=n:1$）ということになり、健康状態の重要度が食事量の重要度と比較して小さい場合は小さな値をとり、健康状態の重要度が食事量の重要度と比較して無視できなくなるに従って大きな値をとります。この（$1-nAEA$）は完食率Pの増加とともに減少します。

ここで満足感も大きいほど望ましいですし、健康状態の余裕度も大きいほど望ましいですから、この両因子の積$I = P$（$1\text{-}nAEA$）も大きいほど望ましいことになります。そこでこの積Iを達成率Pに対して図示すると図 2-31（113 頁）と同じ結果が得られます。曲線が最大値$Imax$をとる提供率Pはnの値によって変化します。$n < 0.2$では描かれる曲線が最大値$Imax$をとるP値は 1 です。このことは$n < 0.2$では完食するまで食事を摂ってよいことを示しています。しかしnの値が大きくなるとともに$Imax$をとるP値は漸減し完食するまで食事量を摂ったときの健康が悪くなることの不安度が初期の余裕度と等しくなった場合、つまり$n = 1$の場合には最大値$Imax$を$P = 0.70$でとることになりますから最適な完食率Pは 70%ということになります。この割合の食事量を摂れば、満足感もある程度満たせて、健康状態もある程度維持できることが期待されるわけです。この値は、世の中でよく言わ

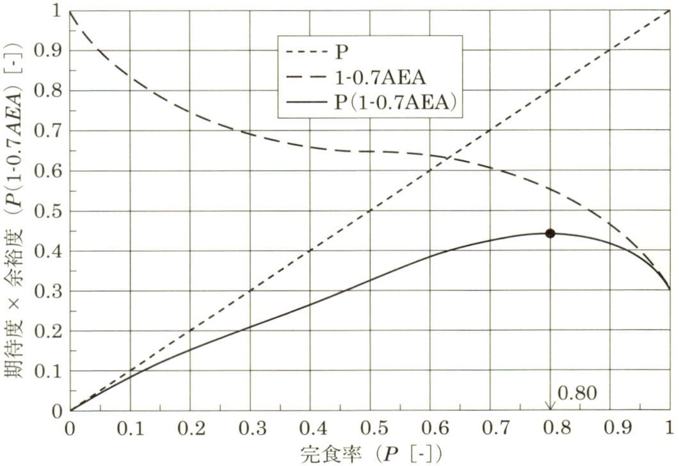

図 2-4　最適食事量

れる「腹八分目」に近い値ですね。ちなみにこの「腹八分目」に相当する$P = 0.80$で$Imax$をとるnの値は0.7ですが、これは完食するまで採食したときの健康状態が食事前の健康状態の0.3になる条件が満たされるときですから、これもうなずける諫言《かんげん》かもしれません。

さて与条件の場合は$n = 0.7$ですから図2-4のようになり、$Imax$は$P = 0.80$でとりますから食事量は満腹する食事量の80％にすべきです。まさに「腹八分目」ですね。

正解

満腹する食事量の80％の食事量と設定するのが最適です。

(2) 参加者は多いほどよいけど参加者相互のコミュニケーションの実も下げたくない

【質問】

サラリーマンであるBさんはある勉強会の懇親パーティー開催の計画を立てています。そこで最大収容人数200名の会場を予約しました。参加者の増加とともに参加費による収入も増えますが、一方では会場が参加者で溢れかえって参加者相互のコミュニケーションも悪くなると考えられます。ではコミュニケーションの重要度を参加費収入の重要度と等しく考えた場合には、最大収容人数のどの程度の参加者数を目標として参加を募るのが最適でしょうか。

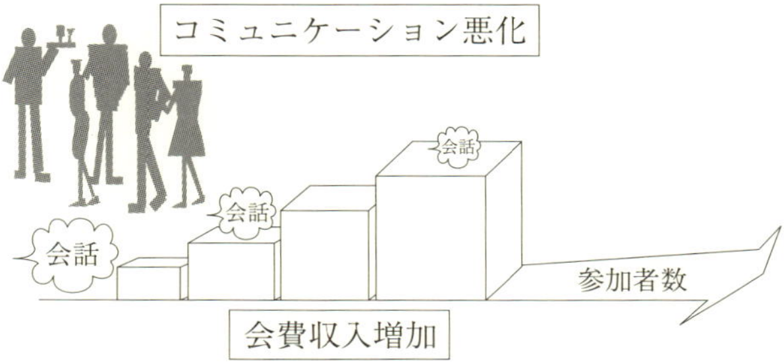

【解説】

パーティーを開催する会場の最大収容人数を１として参加者数の割合を充足率Pで表すことにしましょう。

この質問の場合の検討すべき因子は、参加者数とコミュニケーションということになります。

充足率Pが大きくなるに従って参加費による収入が増加します。この収入は充足率に明確に理論的に比例しますのでPと表せます。

一方、充足率Pが大きくなればなるほどコミュニケーションが悪くなることが不安になります。このコミュニケーションが悪くなることと充足率Pの理論的に明確な関係は不明ですので、不安度AEA曲線を利用します。このAEAは$0 \leq AEA \leq 1$の値をとります。ここで、募集前$P = 0$でのコミュニケーションがまったく行われていない状態でのコミュニケーションの余裕度を１としたときの充足率$P = P$におけるコミュニケーションの余裕度の減少量を$nAEA$と表すと（$1\text{-}nAEA$）は充足率$P = P$におけるコミュニケーションの残存余裕度ということになります。ここでnはコミュニケーションの重要度の参加費収入の重要度に対する比率（コミュニケーションの重要度：参加費収入の重要度＝n：1）ということになり、コミュニケーションの重要度が参加費収入の重要度と比較して小さい場合は小さな値をとり、コミュニケーションの重要度が参加費収入の重要度と比較して無視できなくなるに従って大きな値をとります。この（1-$nAEA$）は充足率Pの増加とともに減少します。

ここで参加費による収入も多いほど望ましいですし、コミュニケーションの余裕度も大きいほど望ましいですから、この両因子の積$I=P$（1-$nAEA$）の値も大きいほど望ましいことになります。そこでこの積Iを充足率Pに対して図示すると図 2-31（113 頁）と同じ結果が得られます。曲線が最大値$Imax$をとる充足率Pはnの値によって変化します。$n<0.2$ では描かれる曲線が最大値$Imax$をとるP値は 1 です。このことは$n<0.2$ では最大収容人数と同数の参加者数を目標として良いことを示しています。しかしnの値が大きくなるとともに$Imax$をとるP値は漸減し最大収容人数と同数の参加者があったときのコミュニケーションが悪くなることの不安度が参加者 0 のときの余裕度と等しくなると考えた場合、つまり$n=1$の場合には最大値$Imax$を$P=$

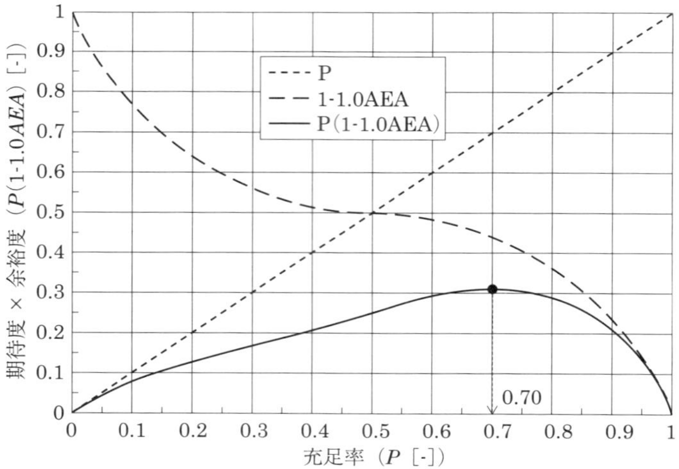

図 2-5　最適パーティー参加者数

0.70でとることになります。したがってこの場合は目標とすべき充足率Pは70%ということになります。

さて与条件の場合は$n=1$ですから図2-5のようになり、$Imax$は$P=0.7$でとりますから$200 \times 0.7 = 140$となり140名の参加者を目標とするのが最適ということになります。逆に言うならば、集めたい参加者数Nがあらかじめ決まっている場合は、$N/0.70$で算出される数を収容できる最大人数とする会場を借りておけばよいことになります。会場の約7割が埋まる程度の参加者というのは、日頃私たちが感じている心地よいパーティーの規模と一致します。

正解

最大収容人数の70%、すなわち140名の参加者を目標とするのが最適です。

(3) 株は高値で売りたいけれどそれまでの生活費も少なくしたい

【質問】

資産2,000万円の資産家Aさんと資産500万円のサラリーマンのBさん、資産200万円のCさんは共に1株y_i円で購入した某社の株をもっています。AさんもBさんもCさんも株売却の目標時価をy_o円と考えています。しかしこのご時世では目標時価になるまでにどれだけ日数がかかるか不明で、その間に株を持ち続けるための生活費は馬鹿にならず株売却まで最低200万円はかかると言われています。さてAさんとBさんとCさんは株が目標時価になるまで待つことができるでしょうか。もちろん株の時価が上がるほど収入も増加しますが、一方では待てば待つほど日々の生活費も増え資産は減少します。

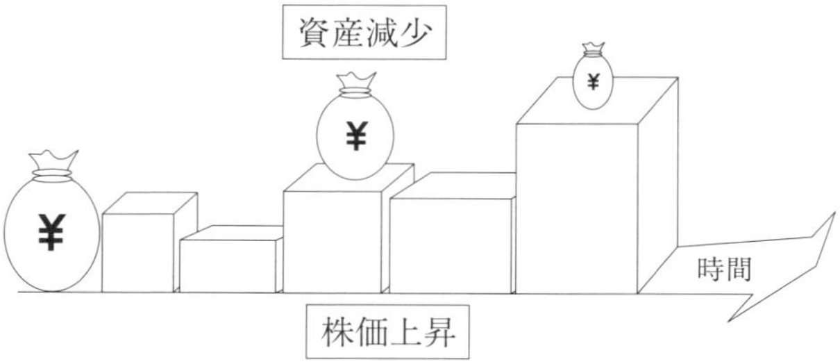

【解説】

株を売買する場合、目標時価y_oと購入時価y_iの差に対するその時点での時価yと購入時価y_iの差の割合を達成率P（$=(y-y_i)/(y_o-y_i)$）で表すことにしましょう。

この質問の場合の検討すべき因子は、株売却による収入と株売却までの生活費ということになります。

達成率Pが増加するに従って高く売却でき収入が増加しますが、この収入は達成率Pに明確に比例しますので理論的にPと表せます。

一方、株価が上がるまでに時間がかかりますから達成率Pが上がるに従って生活費が増します。しかしこの生活費と達成率Pの理論的に明確な関係は不明ですので不安度AEA曲線を利用します。このAEAは$0 \leq AEA \leq 1$の値をとります。ここで、初期$P=0$における生活費をまったく使っていない状態での生活費の余裕度を１としたときの達成率$P=P$における生活費の余裕度の減少量を$nAEA$と表すと（$1-nAEA$）は達成率$P=P$における生活費の残存余裕度ということになります。ここでnは生活費の重要度の売却収入の重要度に対する比率（生活費の重要度：売却収入の重要度＝n：1）ということになり、生活費の重要度が売却収入の重要度と比較して小さい場合は小さな値をとり、生活費の重要度が売却収入の重要度と比較して無視できなくな

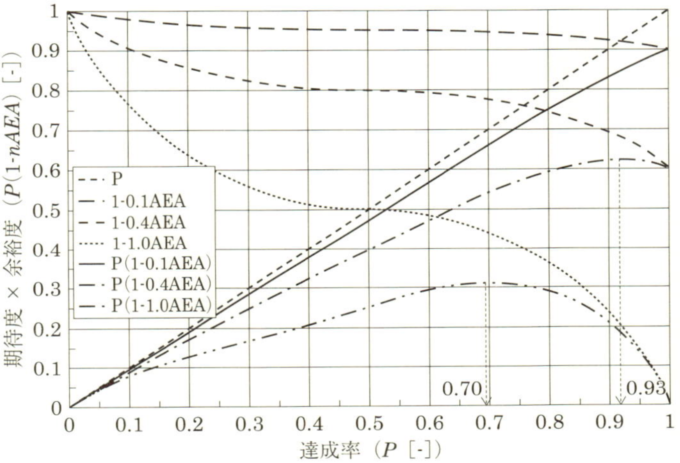

図 2-6　最適株売却値

るに従って大きな値をとります。つまり、資産が多い人の場合はnは小さい値をとり、資産が少ない人の場合はnは大きい値をとります。この（1-$nAEA$）は達成率Pの増加とともに減少します。

ここで収入も大きいほど望ましいですし、生活費の余裕度も大きいほど望ましいですから、この両因子の積$I = P(1-nAEA)$の値も大きいほど望ましいことになります。そこでこの積Iを達成率Pに対して図示すると図 2-31（113 頁）と同じ結果が得られます。描かれる曲線が最大値$Imax$をとる達成率Pはnの値によって変化します。$n < 0.2$では$Imax$をとるP値は 1 です。このことは目標時価に達するまでに要する生活費が資産の 0.2 以下であれば目標時価まで待ってよいことを示すことになります。しかしnの値が大きくなるとともに$Imax$をとるP値は漸減し目標時価に達するまで待ったときの不安度が初期の余裕度と等しくなった場合、つまり$n = 1.0$ではImaxをとるP値は 0.7 になります。

さて与条件の場合は、Ａさんの場合は 2,000 万円の資産に対して目標時価に達するまでに要する生活費は 200 万円ですから $n = 0.1$ となり、図 2-6 に示すように $Imax$ は $P = 1$ でとりますから目標時価まで待つことが最適であることになります。しかしＢさんの場合は 500 万円の資産に対して目標時価に達するまでに要する生活費は 200 万円ですから $n = 0.40$ となり、同図に示すように $Imax$ は $P = 0.93$ でとりますから目標時価に達するまで待つことはできず、達成率 0.93 で売却しなければなりません。またＣさんの場合は 200 万円の資産に対して目標時価に達するまでに要する生活費は 200 万円ですから $n = 1$ となり、同図に示すように $Imax$ は $P = 0.70$ でとりますから、目標時価に達するまで待つことはできず、達成率 0.70 で売却しなければなりません。

正解

Ａさんの場合は目標時価になるまで待つことができます。しかしＢさんの場合は目標時価と購入時価の差の 93％に達したときに売却するのが最適です。またＣさんの場合は目標時価と購入時価の差の 70％に達したときに売却するのが最適です。

(4) 災害地の瓦礫の撤去作業は手伝いたいけどかかる生活費も少なくしたい

【質問】

資産 2,000 万円の資産家のＡさんと資産 500 万円のサラリーマンのＢさんと資産 200 万円のＣさんは共に東北の地震の災害地に出かけ瓦礫の撤去作業の仕事をしています。瓦礫を完全に撤去するまでには相当の月日がかかり、その間の生活費は 100 万円かかります。ではＡさんとＢさんとＣさんは瓦礫を完全に撤去するまで仕事を続けることができるでしょうか。瓦礫の撤去作業には撤去量に比例した収入もありますが、一方では日が経てば経つほど日々の生活費も増え資産は減少します。

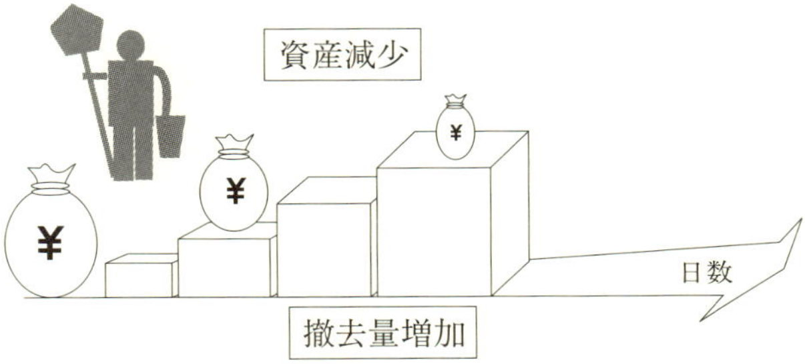

【解説】

瓦礫撤去を行う場合、瓦礫の全量と実際に撤去された瓦礫量の割合を達成率Pで表すことにしましょう。

この質問の検討すべき因子は、瓦礫撤去量に比例した収入と生活費ということになります。

達成率Pが増加するに従って収入が増加しますが、この収入は達成率Pに明確に比例しますのでPと表せます。

一方、瓦礫を撤去するまでに時間がかかりますから、達成率Pが上がるに従って生活にかかる費用が増します。しかしこの生活費と達成率Pの理論的に明確な関係は不明ですので不安度AEA曲線を利用します。このAEAは$0 \leq AEA \leq 1$の値をとります。ここで、仕事を始める前$P=0$におけるまったく生活費を使っていない状態での生活費の余裕度を１としたときの達成率$P=P$における生活費の余裕度の減少量を$nAEA$と表すと（$1-nAEA$）は達成率$P=P$における生活費の残存余裕度ということになります。ここでnは生活費の重要度の収入の重要度に対する比率（生活費の重要度：収入の重要度＝n：1）ということになり、生活費の重要度が収入の重要度と比較して小さい場合は小さな値をとり、生活費の重要度が収入の重要度と比較して無視でき

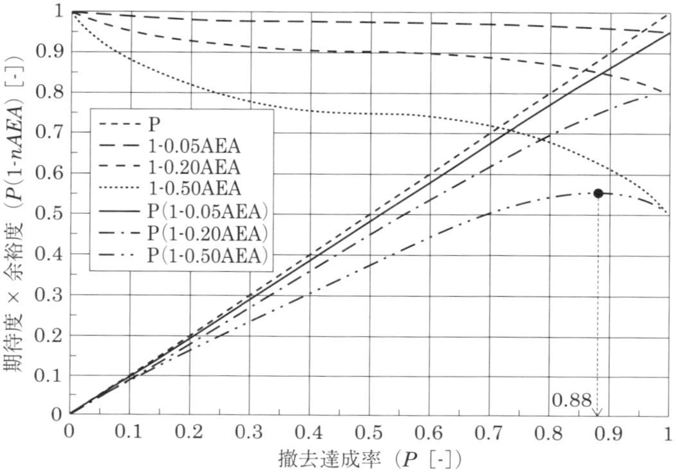

図 2-7　最適瓦礫撤去量

なくなるに従って大きな値をとります。つまり、資産が多い人の場合はnは小さい値をとり、資産が少ない人の場合はnは大きい値をとります。この（1−$nAEA$）は達成率Pの増加とともに減少します。

ここで収入も大きいほど望ましいですし、生活費の余裕度も大きいほど望ましいですから、この両因子の積$I = P$（1−$nAEA$）の値も大きいほど望ましいことになります。そこでこの積Iを達成率Pに対して図示すると図 2-31（113 頁）と同じ結果が得られます。描かれる曲線が最大値$Imax$をとる達成率Pはnの値によって変化します。$n < 0.2$ では$Imax$をとるP値は 1 です。このことは瓦礫を完全に撤去するまでに要する生活費が資産の 0.2 以下であれば完全撤去まで仕事をしてよいことを示すことになります。しかしnの値が大きくなるとともに$Imax$をとるP値は漸減しすべての瓦礫を撤去するまで仕事をしたときの生活費の不安度が初期の安心度と等しくなった場合、つまりn = 1.0 では$Imax$をとるP値は 0.7 になります。

さて与条件の場合は、Aさんの場合は2,000万円の資産に対して瓦礫を完全撤去するまでに要する生活費は100万円ですから$n = 0.05$となり図2-7に示すように、瓦礫を完全に撤去するまで仕事をすることが最適であることになります。またBさんの場合も500万円の資産に対して瓦礫を完全撤去するまでに要する生活費は100万円ですから$n = 0.20$となり、同図に示すように瓦礫を完全に撤去するまで仕事をすることができます。しかしCさんの場合は200万円の資産に対して瓦礫を完全撤去するまでに要する生活費は100万円ですから$n = 0.50$となり、同図に示すように瓦礫を完全に撤去するまで仕事をすることはできず達成率0.88が最適値なので瓦礫が88％撤去された時点で仕事から手を引かなければなりません。

正解

AさんとBさんの場合は、瓦礫を完全に撤去できるまで仕事をするのが最適です。しかしCさんの場合は、瓦礫の88％が撤去されたときに手を引くのが最適です。

(5) 援助はしたいけどかかる生活費も少なくしたい

【質問】

資産2,000万円の資産家のAさんと資産500万円のサラリーマンのBさんと資産200万円のCさんは共に災害地に出かけ援助の仕事をしています。援助を完了するまでには相当の月日がかかり、その間の生活費は約400万円かかります。ではAさんとBさんとCさんは援助を完了するまで仕事を続けることができるでしょうか。援助量に比例した収入もありますが、一方では日が経てば経つほど日々の生活費も増え資産は減少します。この質問は前の質問とほとんど同じですが援助完了までに要する生活費が大きく異なります。

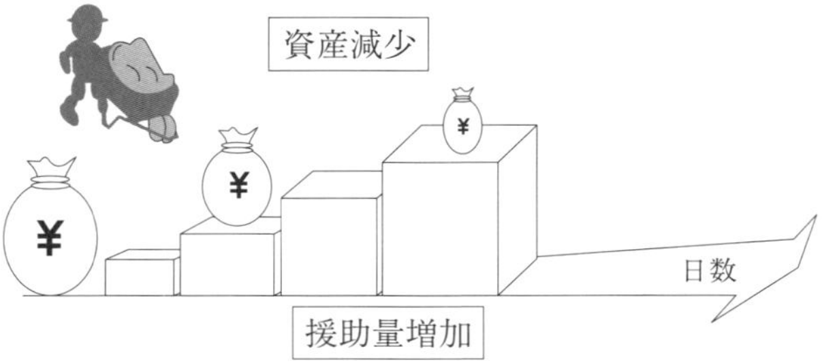

【解説】

援助を行う場合、援助の全量と実際の援助量の割合を達成率Pで表すことにしましょう。

この質問の検討すべき因子は、援助量に比例した収入と生活費ということになります。

達成率Pが増加するに従って収入が増加しますが、この収入は達成率Pに明確に比例しますのでPと表せます。

一方、援助を完了するまでに時間がかかりますから達成率Pが上がるに従って生活にかかる費用が増します。しかしこの生活費と達成率Pの理論的に明確な関係は不明ですので不安度AEA曲線を利用します。このAEAは$0 \leq AEA \leq 1$の値をとります。ここで、仕事を始める前$P = 0$でのまったく生活費を使っていない状態での生活費の余裕度を1としたときの達成率$P = P$における生活費の余裕度の減少量を$nAEA$と表すと（$1-nAEA$）は達成率$P = P$における生活費の残存余裕度ということになります。ここでnは生活費の重要度の収入の重要度に対する比率（生活費の重要度：収入の重要度 = n：1）ということになり、生活費の重要度が収入の重要度と比較して小さい場合は小さな値をとり、生活費の重要度が収入の重要度と比較して無視できなくなるに従って大きな値をとります。つまり、資産が多い人の場合はnは小さい値をとり、資産が少ない人の場合はnは大きい値をとります。この（1-$nAEA$）は達成率Pの増加とともに減少します。

ここで収入も大きいほど望ましいですし、生活費の余裕度も大きいほど望ましいですから、この両因子の積$I = P$（1-$nAEA$）の値も大きいほど望ましいことになります。そこでこの積Iを達成率Pに対して図示すると図 2-31（113 頁）と同じ結果が得られます。描かれる曲線が最大値$Imax$をとる達成率Pはnの値によって変化します。n＜ 0.2 では$Imax$をとるP値は 1 です。このことは援助を完了するまでに要する生活費が資産の 0.2 以下であれば援助完了まで仕事をしてよいことを示すことになります。しかしnの値が大きくなるとともに$Imax$をとるP値は漸減しすべての援助を完了するまで仕事をしたときの生活費の不安度が初期の安心度と等しくなった場合、つまりn = 1.0 では$Imax$をとるP値は 0.7 になります。

さて与条件の場合は、A さんの場合は 2,000 万円の資産に対して

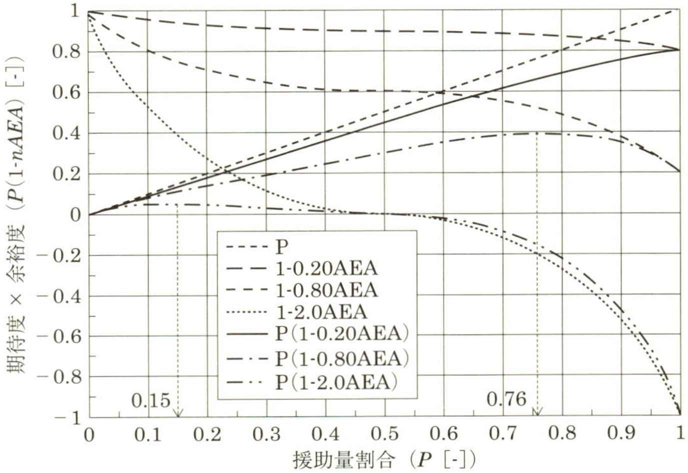

図 2-8　最適援助量

援助を完了するまでに要する生活費は400万円ですから$n=0.2$となり図2–8に示すように、$Imax$は$P=1.0$でとりますから援助を完了するまで仕事をすることが最適であることになります。しかしBさんの場合は500万円の資産に対して援助を完了するまでに要する生活費は400万円ですから$n=0.80$となり同図に示すように、$Imax$は$P=0.76$でとりますから援助を完了するまで援助をすることはできず、達成率0.76で援助から手を引かなければなりません。またCさんの場合は200万円の資産に対して援助を完了するまでに要する生活費は400万円ですから$n=2$となり同図に示すように、$Imax$は$P=0.15$でとりますから援助を完了するまで仕事をすることはできず、達成率0.15で援助から手を引かなければなりません。

正解

Aさんの場合は、援助を完了するまで仕事をするのが最適です。しかしBさんの場合は、全援助の76%が終了したときに手を引くのが最適です。またCさんの場合は、全援助の15%が終了したときに手を引くのが最適です。

(6) 食物を分配したいけど資産減少も少なくしたい

【質問】

資産2,000万円の資産家のAさんと資産500万円のサラリーマンのBさんと資産200万円のCさんは共に災害地に出かけ食物分配の仕事をしています。食物を完全に分配するまでには相当の月日がかかり、その間の生活費は300万円かかります。ではAさんとBさんとCさんは食物を完全に分配するまで仕事を続けることができるでしょうか。食物の分配作業には分配量に比例した収入もありますが、一方では日が経てば経つほど日々の生活費も増え資産は減少します。

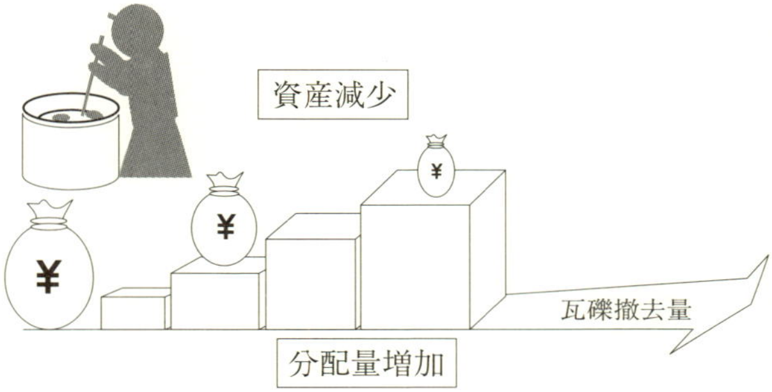

【解説】

食物分配を行う場合、食物の全量と実際に分配された食物量の割合を達成率Pで表すことにしましょう。

この質問の検討すべき因子は、食物分配量に比例した収入と生活費ということになります。

達成率Pが増加するに従って収入が増加しますが、この収入は達成率Pに明確に比例しますのでPと表せます。

一方、食物を分配するまでに時間がかかりますから、達成率Pが上がるに従って生活にかかる費用が増します。しかしこの生活費と達成率Pの理論的に明確な関係は不明ですので不安度AEA曲線を利用します。このAEAは$0 \leq AEA \leq 1$の値をとります。ここで、仕事を始める前$P = 0$でのまったく生活費を使っていない状態での生活費の余裕度を１としたときの達成率$P = P$における生活費の余裕度の減少量を$nAEA$と表すと、$(1\text{-}nAEA)$は達成率$P = P$における生活費の残存余裕度ということになります。ここでnは生活費の重要度の収入の重要度に対する比率（生活費の重要度：収入の重要度＝n：1）ということになり、生活費の重要度が収入の重要度と比較して小さい場合は小さな値をとり、生活費の重要度が収入の重要度と比較して無視できなくなるに従って大きな値をとります。つまり、資産が多い人の場合はnは小さい値をとり、資産が少ない人の場合はnは大きい値をとります。この（1-$nAEA$）は達成率Pの増加とともに減少します。

ここで収入も大きいほど望ましいですし、生活費の余裕度も大きいほど望ましいですから、この両因子の積$I = P$（1-$nAEA$）の値も大きいほど望ましいことになります。そこでこの積Iを達成率Pに対して図示すると図 2-31（113 頁）と同じ結果が得られます。描かれる曲線が最大値$Imax$をとる達成率Pはnの値によって変化します。$n <$ 0.2 では$Imax$をとるP値は 1 です。このことは食物を完全に分配するまでに要する生活費が資産の 0.2 以下であれば、完全分配まで仕事をしてよいことを示すことになります。しかしnの値が大きくなるとともに$Imax$をとるP値は漸減しすべての食物を分配するまで仕事をしたときの生活費の不安度が初期の安心度と等しくなった場合、つまりn = 1.0 では$Imax$をとるP値は 0.7 になります。

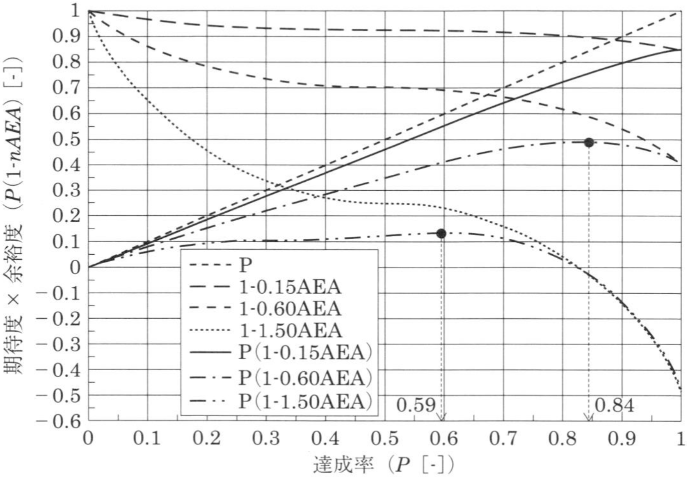

図 2-9　最適食物分配量

さて与条件件の場合では、Aさんの場合は2,000万円の資産に対して食物を完全分配するまでに要する生活費は300万円ですから$n = 0.15$となり図2-9に示すようになり、$Imax$は$P = 1.0$でとりますから食物を完全分配するまで仕事をすることが最適であることになります。しかしBさんの場合は500万円の資産に対して食物を完全分配するまでに要する生活費は300万円ですから$n = 0.60$となり、同図に示すように$Imax$は$P = 0.84$でとりますから、食物を完全に分配するまで仕事をすることはできず達成率0.84で仕事から手を引かなければなりません。またCさんの場合は200万円の資産に対して食物を完全分配するまでに要する生活費は300万円ですから$n = 1.5$となり、同図に示すように$Imax$は$P = 0.59$でとりますから、食物を完全に分配するまで仕事をすることはできず達成率0.59が最適値なので、この値で仕事から手を引かなければなりません。

正解

Aさんの場合は、食物を完全に分配するまで仕事をするのが最適です。しかしBさんの場合は、食物の84%が分配されたときに手を引くのが最適です。またCさんの場合は、食物の59%が分配されたときに手を引くのが最適です。

(7) 土地は提供したいけど庭いじりできる土地も確保したい

【質問】

資産家のAさんは2,000m^{2}の土地、サラリーマンのBさんは300m^{2}の土地、年金生活者のCさんは200m^{2}の土地を持っています。AさんもBさんもCさんも共に庭いじりが趣味です。しかしこの地震津波災害の影響を受け、AさんもBさんもCさんも共に地元の役所から200m^{2}ずつの土地を仮設住宅建設のために借地として提供してほしいと要求されました。さてAさんとBさんとCさんは200m²ずつの土地を提供することができるでしょうか。提供すれば賃貸料は入りますが、一方では好きな庭いじりをする機会が少なくなります。

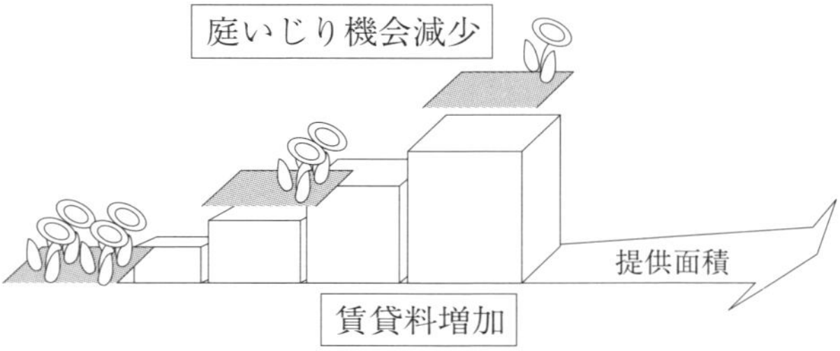

【解説】

要求されている土地面積200m²に対する提供する土地面積の割合を提供率Pで表すことにしましょう。

この質問の場合の検討すべき因子は、賃貸料と庭いじりする機会ということになります。

提供率Pが増加するに従って賃貸料が増加しますが、この収入は達成率Pに明確に理論的に比例しますのでPと表せます。

一方、土地を提供する場合、庭いじりの機会がどれだけ削減されるか不安になり、提供率Pが大きくなればなるほどその不安は大きくなります。しかしこの庭いじりの機会と提供率Pの理論的に明確な関係は不明ですので不安度AEA曲線を利用します。このAEAは$0 \leq AEA \leq 1$の値をとります。ここで、土地を提供する前$P = 0$でのまったく庭いじりをする機会を邪魔されない状態での庭いじりする機会の余裕度を1としたときの提供率$P = P$における庭いじりする機会の余裕度の減少量を$nAEA$と表すと（$1\text{-}nAEA$）は提供率$P = P$における庭いじりする機会の残存余裕度ということになります。ここでnは庭いじりする機会の重要度の賃貸料の重要度に対する比率（庭いじりする機会の重要度：賃貸料の重要度＝n：1）ということになり、庭いじりする機会の重要度が賃貸料の重要度と比較して小さい場合は小さな値をとり、庭いじりする機会の重要度が収入の重要度と比較して無視できなくなるに従って大きな値をとります。つまり、所有する土地が広い人の場合はnは小さい値をとり、所有する土地が狭い人の場合はnは大きい値をとります。この（1-$nAEA$）は提供率Pの増加とともに減少します。

　ここで収入も大きいほど望ましいですし、庭いじりする機会の余裕度も大きいほど望ましいですから、この両因子の積I＝P（1-$nAEA$）の値も大きいほど望ましいことになります。そこでこの積Iを達成率Pに対して図示すると図2-31（113頁）と同じ結果が得られます。曲線が最大値$Imax$をとる提供率Pはnの値によって変化します。$n<0.2$では描かれる曲線が最大値$Imax$をとるP値は1です。このことは$n<0.2$では要求通りの土地を提供できることを示しています。しかしnの

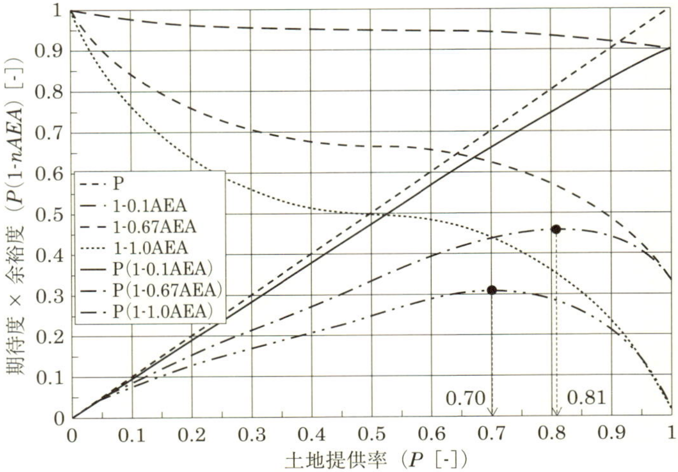

図2-10　最適土地提供面積

値が大きくなるとともに$Imax$をとるP値は漸減し要求通り土地を提供したときの庭いじりする機会の余裕度の減少量が初期の余裕度に等しくなった場合、つまり$n = 1.0$では$Imax$をとるP値は0.7になります。

さて与条件の場合では、Aさんの場合は2,000m^{2}の土地を持っていますから$n = 200/2{,}000 = 0.1$となり、図2-10に示すように$Imax$は$P = 1.0$でとりますから要求通り200m^{2}を提供することができます。しかしBさんの場合は300m^{2}の土地を持っていますが$n = 200/300 = 0.67$となり、同図に示すように$Imax$は$P = 0.81$でとりますから、要求通り200m^{2}を提供することができず$200 \times 0.81 = 162$m^{2}の土地しか提供できません。またCさんの場合は200m^{2}の土地を持っていますが$n = 200/200 = 1$となり、同図に示すように$Imax$は$P = 0.70$でとりますから、要求通り200m^{2}を提供することができず$200 \times 0.70 = 140$m^{2}の土地しか提供できません。

正解

Aさんの場合は、要求通り200m^{2}を提供することができます。しかしBさんの場合は162m^{2}の土地を提供するのが最適です。またCさんの場合は140m^{2}の土地を提供するのが最適です。

(8) 彼をプロモートしたいけどできるだろうか

【質問】

Zさんは現在52歳でT大学の准教授です。学外からは彼を早く教授にしてほしいという要望が寄せられています。さて現在論文数が30編の彼は教授にプロモートできるでしょうか。ただし彼の所属する専攻では教授にプロモートする際には内々で以下の条件が整っていることが必要とされています。①プロモートされる時点で55歳以下であること、

②プロモートされる時点で年齢数と同数以上の論文があること、③プロモートされる時点以降65歳定年まで業績が順調に上昇し続けると期待されること。

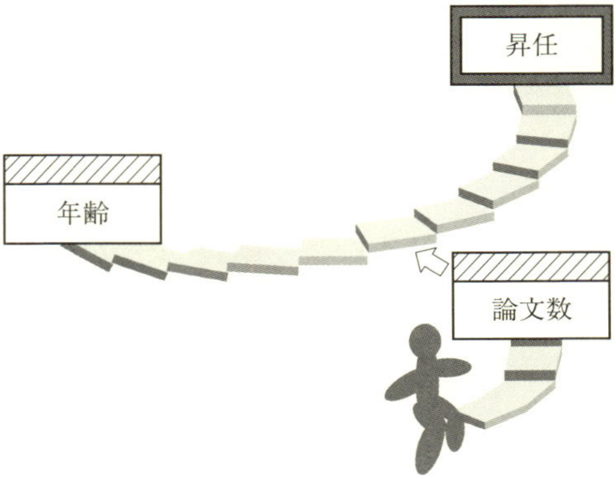

【解説】

研究者の業績の評価指標を代表するものは論文数です。一般的な研究者の論文数と年齢の典型的な関係は図2-11のように表せ、論文数は研究年数にほぼ比例すると見なすことができます。同図の横軸は27歳で研究職（例えば助教）に就いたとしたとき以降の年数をとっています。

例として示した研究者の場合は年平均3.0論文です。またもし限界の55歳でプロモートされるとしたときの条件②を満足するためには55論文が必要となりますから年平均約2.0論文が必要ということになります。

この質問の場合の検討すべき因子は業績としての論文数と体力・やる気を考える必要があります。論文数は上記のように研究年数に比例しますから、以下の式の年齢率Pに比例するとします。

$$P = (\text{実年齢} - 27) / (65 - 27) = (\text{実年齢} - 27) / 38$$

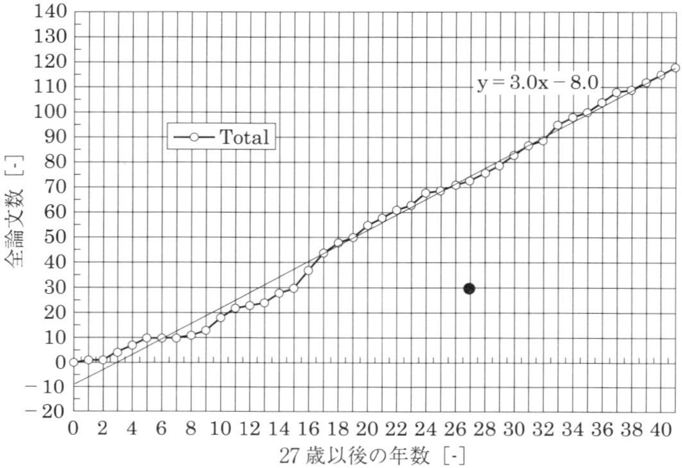

図 2-11　論文累積数と年齢

年齢率Pが増加するに従って論文数が増加しますが、この論文数は達成率Pに明確に理論的に比例しますのでPと表せます。

一方、体力とやる気は通常加齢に従って衰えることになりますから、研究年数とともに体力・やる気に対する不安が増大します。しかしこの体力・やる気と年齢率Pの理論的に明確な関係は不明ですので不安度AEA曲線を利用します。このAEAは$0 \leq AEA \leq 1$の値をとります。ここで研究を開始する前$P = 0$での体力・やる気がまったく損われていない状態での体力・やる気の余裕度を1としたときの年齢率$P = P$における体力・やる気の余裕度の減少量を$nAEA$と表すと（1-$nAEA$）は年齢率$P = P$における体力・やる気の残存余裕度ということになります。またこのnは体力・やる気の重要度の論文数の重要度に対する比率（体力・やる気の重要度：論文数の重要度＝n：1）ということになり、体力・やる気の重要度が論文数の重要度と比較して小さい場合は小さな値をとり、体力・やる気の重要度が収入の重要度

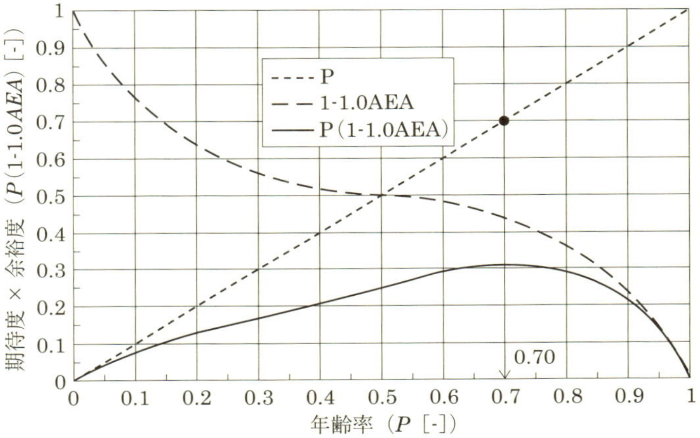

図 2-12　最適プロモーション年齢

と比較して無視できなくなるに従って大きな値をとります。この（1−$nAEA$）は年齢率Pの増加とともに減少します。

ここで論文数は多いほど望ましいですし、体力・やる気に対する余裕度も大きいほど望ましいですから、この両因子の積$I = P(1-nAEA)$も大きいほど望ましいことになります。そこでこの積Iを年齢率Pに対して描きますと図 2-31（113 頁）の結果が得られます。描かれる曲線が最大値$Imax$をとる年齢率Pはnの値によって変化します。$n < 0.2$では$Imax$をとるP値は 1 です。しかしnの値が大きくなるとともに$Imax$をとるP値は漸減し$P = 1$、すなわち 65 歳での体力・やる気の減少量が初期の体力・やる気の量と等しくなった場合、つまり$n = 1.0$では$Imax$をとるP値は 0.7 になります。

さて与条件の場合は$n = 1.0$の最も厳しい条件を考えれば図 2-12 のようになり、$Imax$は$P = 0.7$でとりますから、27 +（65−27）× 0.70 = 53.6 となり 53.6 歳でプロモートするのが最適となります。これで条件①と③はクリアできそうですが、条件②をクリアするためには

53.6 歳までの残り 1.6 年間に 24 報の論文を書かなければなりません。また $P=0.739$ の場合に 55 歳となりますがこの場合に $Imax$ をとるのは $n=0.87$ の場合です。この場合も残り 3 年間に 25 の論文を書かなければなりません。

正解

条件①の 55 歳までにプロモートすることは可能ですがそれまでに 55 報の論文を揃える必要があります。つまり 55 歳までの残り 3 年間に 25 報の論文を書かなければなりません。また 53.6 歳でプロモートすることも可能ですが、53.6 歳までの残り 1.6 年間に 24 報の論文を書かなければなりません。なかなか難しいハードルですね。

(9) 人を最も安心させる比率や混色、灰色はどのようなものか

①人を安心させる比率（アスペクト比）

古代ギリシャ以来、例えば図 2-13 に示すような矩形の縦横比（アスペクト比）として図 2-14 に示すような黄金比、白銀比、白金比が最も美しくバランスのとれた比率と考えられてきており、人間の美に対する認識において重要な役割をはたしてきました。黄金比は 1：1.618 であり、例えば古代エジプトのピラミッド、ギリシャのパルテノン神

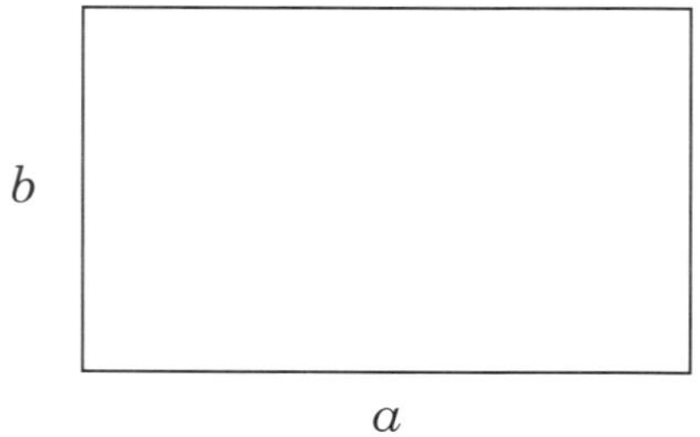

図 2-13　矩形のアスペクト比

白金比（Platinum Ratio）赤：黄＝ 1：1.732 ＝ 0.577：1

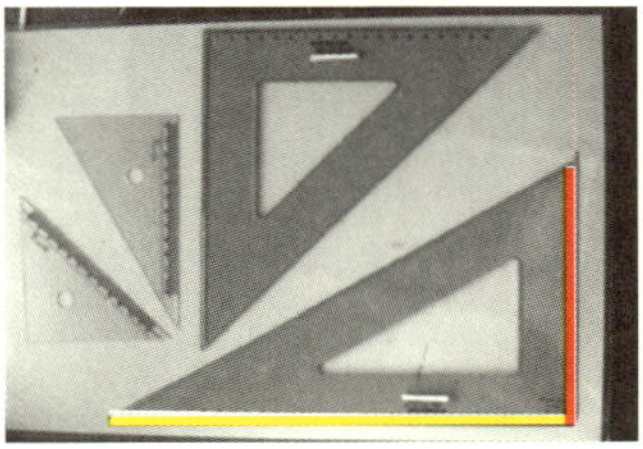

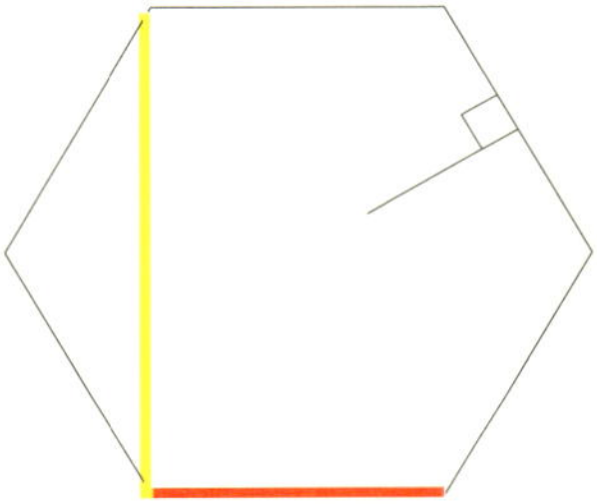

黄金比（Golden Ratio）赤：黄＝ 1：1.618 ＝ 0.618：1

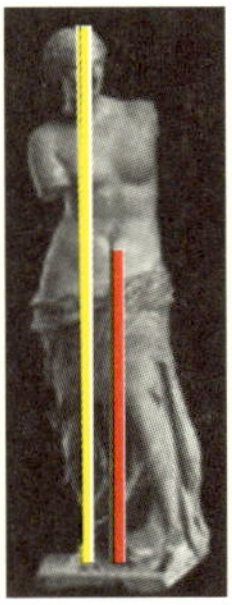

白銀比（Silver Ratio）赤：黄＝ 1：1.414 ＝ 0.707：1

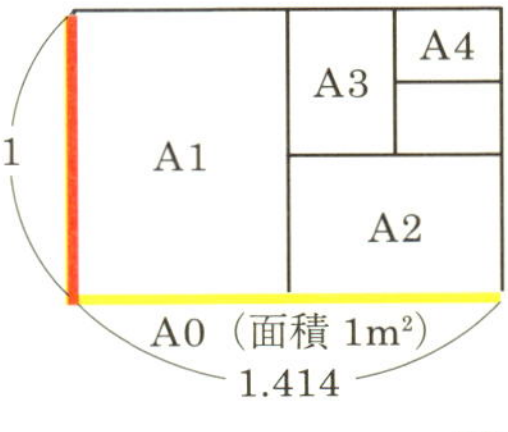

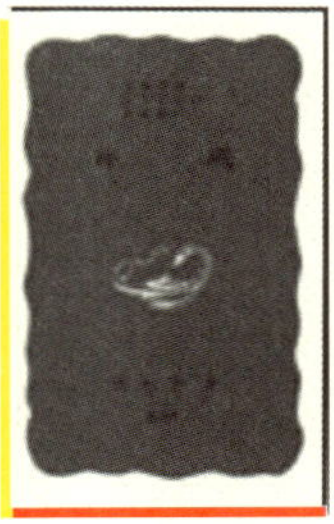

図 2-14　白金比、黄金比、白銀比

殿やミロのビーナス、身近なトランプや名刺や文庫本等にも見られます。この黄金比はアスペクト比において$a:b=b:(a+b)$が成立する比であるとか$x^2=x+1$の正の解であるとか言われてきました。これに対して日本が発祥であるため、別名“大和比”とも言われる白銀比は1：1.414であり、例えば法隆寺の五重の塔、多くの仏像の顔、身近なA4用紙やグリーティングカードや新書等にも見られます。この白銀比については$a:b=(b+2a):a$が成立する比であると言われてきました。その他に1：1.732という白金比もあり、例えば30度60度の角をもつ直角三角定規等に見られます。

現在の建築家、芸術家、本等のデザイナー等も上記の比率を好み、その利用に積極的です。美についてはカントが「対象の持つ主観的合目的性に由来する快感」と観念的に定義しているように主観的に定まるものですが、美しさの具体的な定義はありません。そして多くの研究者が上記の黄金比、白銀比、白金比が美的な安心感を与える理由についての研究を続けていますが、その明確な理由はほとんど解明されていません。

【質問】

期待度AEEあるいは不安度AEAを用いて、黄金比、白銀比、白金比が人に美的な安心感を与える理由付けをしてください。なお、美的安心度は安定性の尺度と正規性の尺度の積で表されるとします。

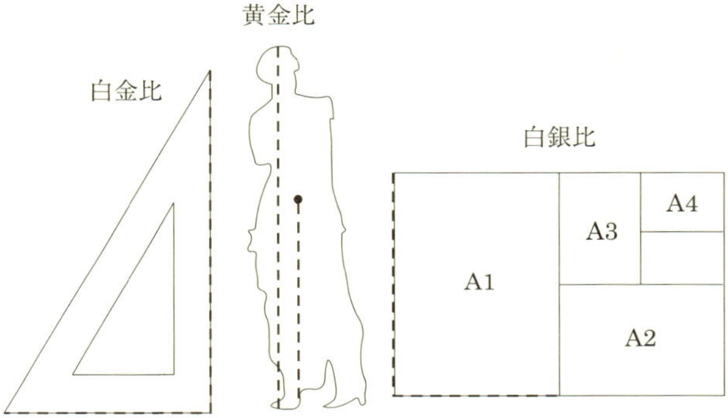

【解説】

短辺の長辺に対する割合（図 2-13）を縦横比（アスペクト比）Pで表すことにしましょう。

この質問の場合は与条件から検討すべき因子は、安定性尺度と正規性尺度ということになります。

従来の黄金比、白銀比、白金比のいずれも矩形の場合は図 2-13 における$a > b$の長方形を対象としており、$a = b$となる正方形の場合は対象外です。さて、美しさは人間の感性に訴え安心感を与えるものとして捉えることができ、その美的な安心感の程度（＝美的安心度）は安定性の尺度と正規性（あるいは規則性、整然性）の尺度の積で表されると考えられています。

ここでアスペクト比が増加すると矩形が正方形に近づき長方形でなくなる不安が増しますが、縦横比Pに理論的に明確に対応したこの不安の程度は不明ですから不安度AEA曲線が描けます。このAEAは$0 \leq AEA \leq 1$の値をとります。この不安度AEAを１から差し引いた（$1-AEA$）は「どの程度長方形の特性を残しているか」に関する安心度ということができます。

また正規性（あるいは規則性、整然性）の尺度に注目すると、$P \to 0$のとき縦辺長と横辺長の差が増して$a = b$で表される正規性から遠のきますが、$P \to 1$のとき縦辺長と横辺長の差が減少して最終的には$a = b$となって等しくなり正規性は最大となります。したがって正規性の尺度は（縦辺長／横辺長）に比例すると考えられます。つまり、

$$
\begin{aligned}
\text{美的安心度}\ I &= (1 - \text{不安度}) \times (\text{縦辺長}/\text{横辺長}) \\
&= (1\text{-}AEA) \times (b/a) \\
&= (1\text{-}AEA) \times P \qquad (2\text{-}1)
\end{aligned}
$$

と表されます。

なおまた$a < b$の場合は上記の$a > b$の考え方とまったく同じ展開ができますし、$a = b$の場合は正方形となり形が固定され議論する意味がまったくなくなりますので、上記の$a > b$の場合について検討しておけば十分です。

上記の考えに沿って式（2-1）の美的安心度Iを図示すると図 2-15の曲線（113 頁の図 2-31 および図 2-32 中の$n = 1$および$m = 1$と

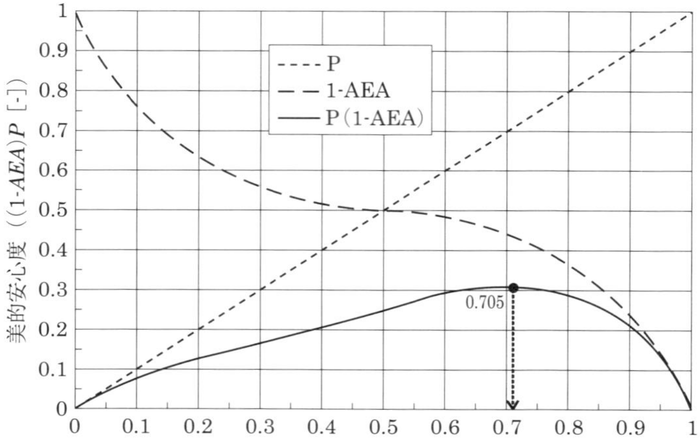

図 2-15　最適美的安心度

同じ曲線）が得られ、美的安心度はその最大値0.309をP（$=b/a$）$=0.705$のときにとることが分かります。同図に従来の黄金比、白金比、白銀比の場合のPの値も示しましたが、白金比は0.283、黄金比は0.300、白銀比は0.308の美的安心度の値をとり、いずれの比も上記の美的安心度が比較的大きな値をとる比率であることが分かります。これで黄金比、白銀比、白金比が人に美的な安心感を与える根拠を明らかにすることができました。

しかし、上記の美的安心度の最大値は黄金比、白金比、白銀比いずれの場合の美的安心度の値よりも高い値を示し、この場合の比率1：0.705＝1.418：1がより優れた美的な安心感を与える新たな比率として提案できると考えられます。この美的安心度の最大値を与える比率0.705は白銀比（大和比）の0.707と0.28%しか違いがなくほぼ両比が一致することは極めて興味深いことであり、いかに大和比と呼ばれる白銀比が優れた比であるかが分かりますし、上記の考え方が白銀比に論理的根拠を与えたことにもなります。

正解

黄金比、白銀比、白金比のいずれの比も、安定性の尺度と正規性（あるいは規則性、整然性）の尺度の積で表される美的な安心感の程度（＝美的安心度＝Degree of Aesthetical Peace）が大きな値をとるから人に美的な安心感を与えることになります。

②人に安心感を与える混色、灰色

【質問】

前質問の結果に基づいて人間に最も優れた美的な安心感を与える色彩を提案してください。なお、その新たに提案する混色と人が感じる安心感の定量的・論理的関係については今後の研究に委ねることにしますから議論しなくても構いません。

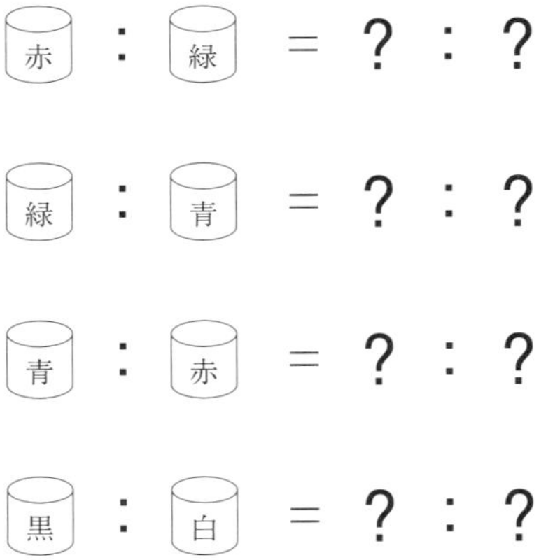

【解説】

色光の三原色は赤（R）緑（G）青（B）であり加法混色（混ぜるに従って黒から白に変わる）、色料の場合はマゼンダ（赤、M）イエロー（黄、Y）、シアン（青、C）であり減法混色（混ぜるに従って白から黒に変わる）といわれます。人はこれらの三原色そのものに対しては刺激が強すぎて安心感を抱けず、それらが適切に混ざった混色に対してより安心感をもつようです。

色の心理的効果に関して色彩と人の心理に関する文献には、例えば三原色は強烈な印象を与える一方、ベージュ等の混色は平穏な印象を与えるというように、三原色そのものからは刺激が強すぎて安心感を与えられず、それらが適切に混ざった混色の方からより安心感を与えられ、リラックスさせられると記されています。またその程度は、その色の明るさの度合いを示す明度や鮮やかさの度合いを示す彩度によって異なり、年齢、性別、風土等によっても異なるとも記されています。

しかしそれらにおける色彩と人の心の関係についての信頼できる定量

的・論理的記述はほとんどなく、多くの文献では各色に対する人の感じるイメージから連想されるさまざまな言葉で表 2-1 のように示されているだけです。

表から明らかなように、同じ色に対しても安心と不安のイメージが共存する場合が少なくありません。一方、以上の色の心理的効果とは別の、色が人体に与える生理的効果については、人体に色光を照射したり色を見せたときの汗の分泌量や脳波等から筋肉の緊張度を数値化したライトトーナス値があります。

すべての色のライトトーナス値は明確にされていませんが、よく記されている色のライトトーナス値を表 2-1 にも示しました。三原色のライトトーナス値は平常時の筋肉が弛緩しているときのライトトーナス値 23 と比較して大きな値をとるのに対して、ベージュやパステルカラーはほぼ平常時の値と同じ値をとります。このライトトーナス値がその色に対して人の感じる不安の程度に比例すると仮定すれば、三原色以外

表 2-1　色から連想されるイメージ

色彩	安心のイメージ・言葉	不安のイメージ・言葉	ライトトーナス値
赤	愛、太陽	興奮、攻撃、主張	42
緑	癒し、自然、安全	未熟、毒	28
青	爽やか、冷静	憂鬱、孤独、冷徹	24
黄	元気、希望、明朗	危険、無責任	30
橙	解放、躍動	低俗	35
ベージュ	落着き、リラックス	停滞	23
パステルカラー	落着き、リラックス		23
茶	癒し、落着き、安定	神秘	
ピンク	癒し		
紫	癒し、静穏	心配、不吉、病気	
黒	強さ	恐怖、死、拒絶、孤独	
白	無、清潔、新生	終焉、不毛、空虚	
灰	冷静、知性、洗練	疑惑、曖昧	

の混色の方がより人体的にもより安心感を与えると推測することも可能です。しかし、ライトトーナス値がその色に対して人の感じる不安の程度に比例するということの明確な定量的・論理的根拠はないというのが現状です。

前の質問に対する解答で得られた美的安心度が最大値をとる比率1：0.705を利用して、三原色のうちの２つあるいは黒色と白色を0.587：0.413あるいは0.413：0.587の配合で混ぜ合わせた混色が、人に最も安心感を抱かせる色になると推測可能です。例えば光の場合は、赤0.587＋黄0.413あるいは赤0.413＋黄0.587になるように混ぜ合わせた光色です。色料の場合も同じように、マゼンダ0.587＋イエロー0.413あるいはマゼンダ0.413＋イエロー0.587になるように混ぜ合わせた色です。

光の三原色RGBと色料の三原色YCMを色環（Hue ring）の外側および内側にそれぞれ配置し、それぞれの原色を0.587：0.413および0.413：0.587にもつ色光あるいは色料、すなわち最大美的安心度を与える比でもつ色光あるいは色料をそれぞれの原色の間に示すと図2–16のようになります。なお、描画に際してはそれぞれの原色の量を100段階（0 – 100）に等分に分けて行いました。図からも明らかなように、刺激の強い原色と比較して原色の間の２つの光色あるいは色料はどれも心安らかにさせる色となっていると推測可能であるといえますね。しかしその定量的・論理的根拠については今後の研究に委ねざるを得ません。また図2–17には、同じ方法で白と黒を両端とする場合の最大美的安心度を与えると推測される比率による灰色を示しました。格式ばったさまざまな式典等で多く見られる白色や黒色と比較して灰色は日常的に好まれて用いられることから、灰色の方がより心安らかにすると推察することも可能ですが、その定量的・論理的根拠についても今後の研究に委ねざるを得ないことは上記と同じです。

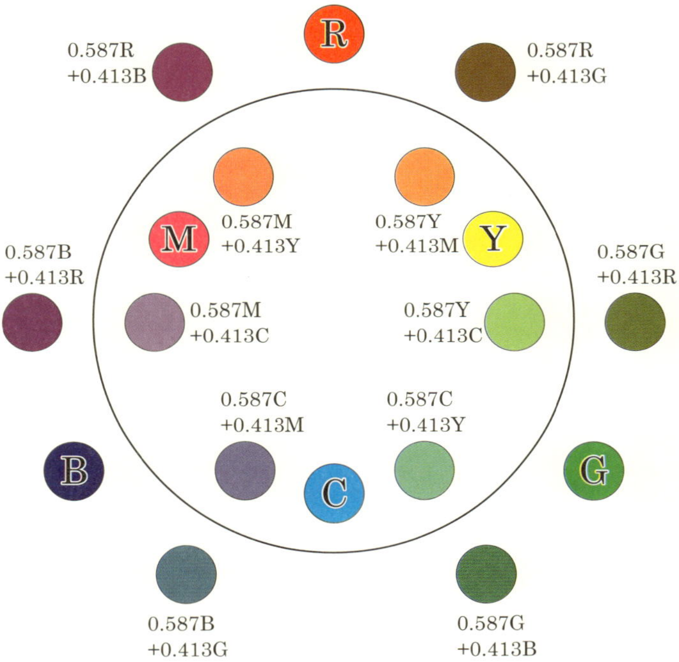

図 2-16　三原色と人に安心を与える混色
外環：光色（三原色：R, G, B）
内環：塗料（三原色：Y, C, M）

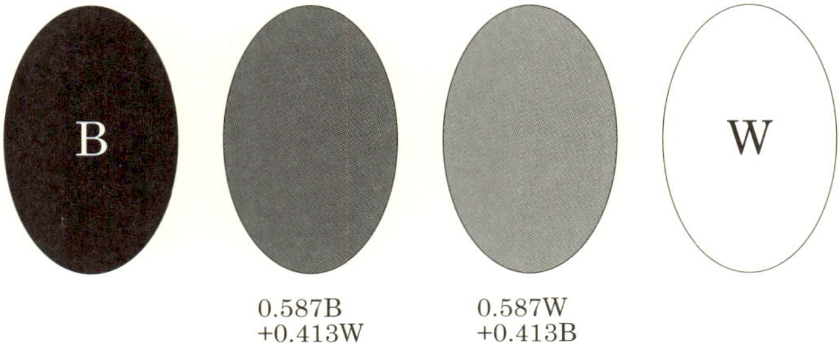

図 2-17　黒色、白色と人に安心を与える灰色

以上から、形状を対象とする場合のデザインとしては最大美的安心度を与える１：0.705 の縦横比率を、また色彩を対象とする場合のデザインとしては最大美的安心度を与える１：0.705 の色彩比率で三原色あるいは白色と黒色を混ぜた混色あるいは灰色を用いれば、人間がより安心感をもって受け入れることのできるデザインを提供できると期待されるわけです。

正解

前の質問に対する解答で得られた美的安心度が最大値をとる比率 1：0.705（＝ 0.587：0.413）を利用して、三原色のうちの２つあるいは黒色と白色を 0.587：0.413 あるいは 0.413：0.587 の配合で混ぜ合わせた混色が人間に最も優れた美的な安心感を与えることになります。

（10）仕事も達成したいけど締切日も気になる

【質問】

Ａさんと B さんはそれぞれ上司からある期間を指定されてそれぞれ達成量が使用時間の 2/5 乗および 2 乗に比例する仕事を上司から下命されました。従来の実績からそれぞれの仕事量はそれぞれ指定された期間内には達成できることは分かっています。一方、時間が経過するとともにＡさんもＢさんも締切日が気になり不安になります。ではＡさんとＢさんはそれぞれ指定された期間内の何時が締切日もあまり気にならず仕事もはかどる最適な状態になるでしょうか。

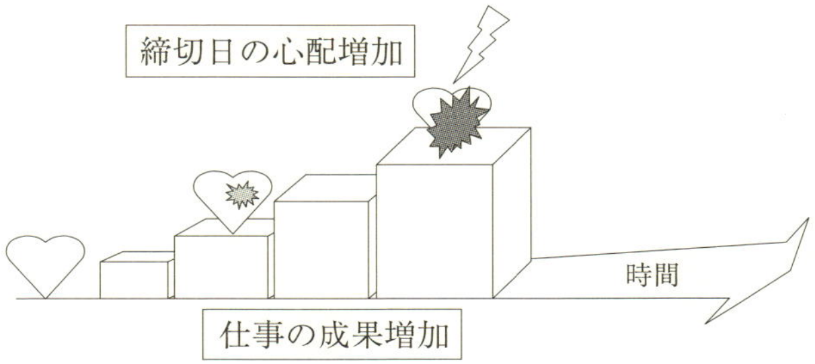

【解説】

Ａさんの場合もＢさんの場合も、指定された期間に対する経過時間を経過率 P で表すことにしましょう。

この質問の場合の検討すべき因子は、Ａさんの場合もＢさんの場合も、仕事の達成量と仕事の締切日ということになります。

Ａさんの場合もＢさんの場合も仕事の達成量は経過率のべき乗に比例していますから経過率 P の m 乗に比例すると一般的に考え P^m と表しましょう。$P=1$ では m の値にかかわらず１となります。

一方、経過率 P が大きくなるに従って仕事が指定日までに終了できるかどうかということへの不安が増しますが、仕事が指定日までに終了できるかどうかということと経過率 P の理論的に明確な関係は不明ですから不安度 AEA 曲線を利用します。この AEA は $0 \leq AEA \leq 1$ の値をとります。ここで仕事を開始する前 $P=0$ における仕事が指定日までに終了できることの余裕度を１とすると $(1-AEA)$ は経過率 P における残存する仕事が指定日までに終了できることの余裕度ということになります。

ここで仕事の達成量も大きいほど望ましいですし、仕事が指定日までに終了できる余裕度も大きいほど望ましいですから、この両因子の積 $I=P^m(1\text{-}AEE)$ の値も大きいほど望ましいことになります。そこで

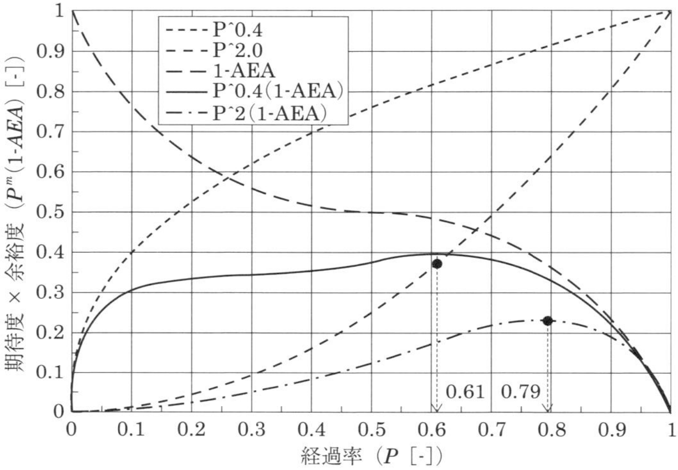

図 2-18　最適仕事遂行状態

この積 I を経過率 P に対して図示すると図 2-32（113 頁）の結果が得られます。描かれる曲線の最大値 $Imax$ は m の値によって変化します。m の値が大きくなるとともに $Imax$ をとる P 値は大きくなります。このことは率と仕事の達成量の関係によって最適な状態で仕事ができる経過率が変わることを示しています。

さて与条件の場合には、Aさんの場合は仕事の達成量は経過率の2/5 乗に比例しますから $m = 0.4$ となり図 2-18 に示すように、$Imax$ は $P = 0.61$ でとりますから最適な経過率は 0.61 となります。すなわち指定期間の 61%が経過したときに最適な状態で仕事ができることになります。Bさんの場合は仕事の達成量は経過率の 2 乗に比例しますから $m = 2.0$ となり同図に示すように、$Imax$ は $P = 0.79$ でとりますから最適な経過率は 0.79 となります。すなわち指定期間の 79%が経過したときに最も心安らかに仕事ができることになります。

正解

Ａさんの場合は指定された期間の61％経過したときが、またＢさんの場合は指定された期間の79％経過したときが最適な状態で仕事に邁進できます。

３．増加関数が *AEE* の場合

3.1　減少関数が（$1-nP^m$）の場合

（1）あたり馬券はほしいけど出費も少なくしたい

【質問】

Ａさんは富裕層に属するある企業のトップ、Ｂさんは中間層に属する中堅サラリーマン、Ｃさんは貧困層に属する年金生活者です。ある日この３人が申し合わせてそれぞれ身分相応の金額をポケットに捻じ込んで早朝から競馬場にやって来ました。「今日こそは一発でかいヤツを当ててやる」と３人とも意気込んでいます。その日に当たる見込みのある馬券を全部購入するには５万円が必要です。月々50万円を自由にできる資産家のＡさんにとって５万円は大した金額ではありませんが、月々7.5万円しか自由にできないサラリーマンのＢさんにとっての５万円は大金の部類ですし、月々５万円しか自由にできない年金生活者のＣさんにとっては途轍もない大金です。ではＡさんとＢさんとＣさんはそれぞれどの程度の馬券を購入をすべきでしょうか。

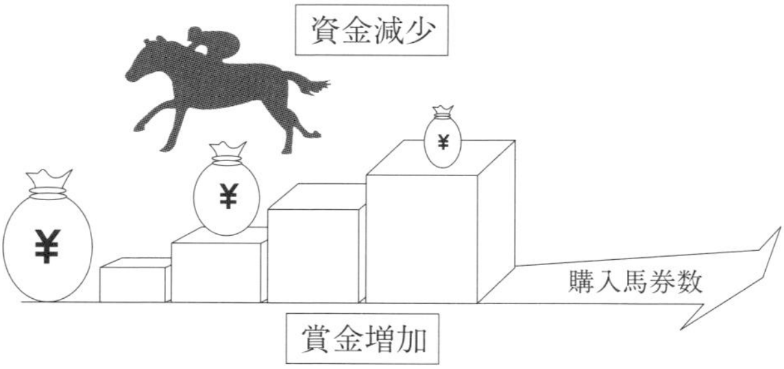

【解説】

当たる見込みのある馬券を全部購入するのに必要な金額５万円に対する実際の購入費の割合を購入率Pで表すことにしましょう。

この質問の場合の検討すべき因子は、馬券的中と馬券購入費ということになります。

購入率Pが上がるに従って馬券が的中することへの期待が増しますが、理論的に明確な購入率Pと馬券的中の関係は不明ですから期待度AEE曲線を利用します。このAEEは$0 \leq AEE \leq 1$の値をとります。

一方、購入する馬券が増えると馬券購入費が増します。馬券購入費は購入率Pのm乗に比例すると一般的に考えると馬券購入費はP^mと表せます。ここで、馬券を購入する前$P=0$でのまったく馬券を購入していない状態での馬券購入費の余裕度を１としたときの購入率$P=P$における馬券購入の余裕度の減少量をnP^mと表すと（$1-nP^m$）は購入率$P=P$における馬券購入費の残存余裕度ということになります。ここでnは馬券購入費の重要度の馬券的中の重要度に対する比率（馬券購入費の重要度：馬券的中の重要度＝n：1）ということになり、馬券購入費の重要度が馬券的中の重要度と比較して小さい場合は小さな値をとり、馬券購入費の重要度が馬券的中の重要度と比較して無視できなくなるに従って大きな値をとります。つまり、資産が多い人の場合はnは小さい値をとり、資産が少ない人の場合はnは大きい値をとります。この（1-$nAEA$）は購入率Pの増加とともに減少します。

ここで馬券的中の期待度も大きいほど望ましいですし、残存金額も大きいほど望ましいですから、この両因子の積$I = AEE$（1-nP^m）の値も大きいほど望ましいことになります。本質問の場合は$m = 1$ですから、$I = AEE$（1-nP）を購入率Pに対して図示すると図2-35（115頁）と同じ結果が得られます。描かれる曲線の最大値$Imax$はnの値によって変化します。$n = 0.1$～0.6では$Imax$を示す購入率Pの値はすべて1ですが、nの値が0.6から0.7へ変化すると$Imax$をとるP値は1から0.35へ大きく減少します。このことは初期の自由にできる金額と見込みのある馬券を全部購入するのに要する金額との関係によって最適な購入率が大きく変わることを示しています。つまり、$n < 0.6$の初期の自由にできる金額からみて当たる見込みのある馬券を全部購入したときの購入費が僅かで済むときは、残存する自由になる金額が初期の自由にできる金額の40%以上になりますから、当たる見込みのある馬券を全部購入して構いません。しかし$n > 0.7$の場合は馬券購入の費用が多くなり、当たる見込みのある馬券をすべて購入したときの残存する自由になる金額が30%以下になってしまいますから、購入率$P <$ 0.35で満足しなければなりません。さらに当たる見込みのある馬券を全部購入したときの購入費が初期の自由にできる金額と同じになる最悪の場合、つまり$n = 1$の場合は$Imax$を示す購入率Pの値は0.30になってしまいます。

さて与条件の場合には、Aさんの場合は50万円の自由にできる金額に対して当たる見込みのある馬券をすべて購入する購入費は5万円ですから、$n = 0.1$となり次の図2-19に示すように、$Imax$は$P = 1.0$でとりますから当る見込みのある馬券をすべて購入できることになります。しかしBさんの場合は7.5万円の自由になる金額に対して当たる見込み

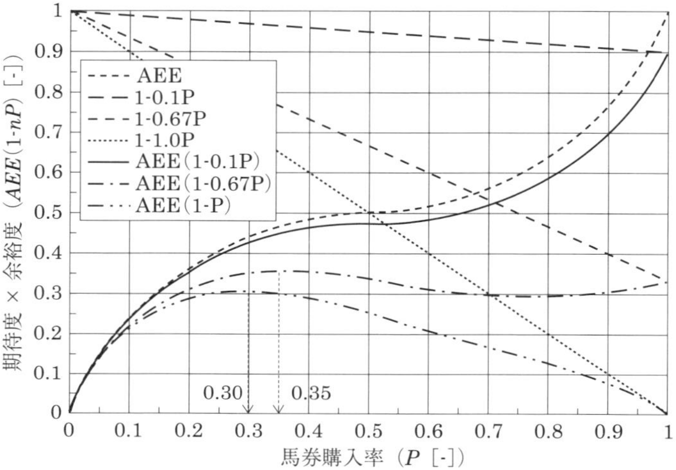

図 2-19　最適馬券購入率

のある馬券をすべて購入する購入費は 5 万円ですから、n = 0.67 となり同図に示すように、$Imax$ は P = 0.35 でとりますから見込みのある馬券をすべて購入することはできず、購入率 0.35 で我慢しなければなりません。つまり 5 × 0.35 = 1.75 万円しか馬券購入のために使えません。さらに C さんの場合は 5 万円の自由になる金額に対して当たる見込みのある馬券をすべて購入する購入費は 5 万円ですから、n = 1 となり同図に示すように、$Imax$ は P = 0.30 でとりますから当たる見込みのある馬券をすべて購入することはできず、購入率 0.30 で我慢しなければなりません。つまり 5 × 0.30 = 1.5 万円しか馬券購入のために使えません。

このことは視点を逆にすると、残存する自由になる金額が 0.4 になる初期の自由になる金額が馬券を購入するときの貧富の資産の閾《しきい》値を示しているとも考えられます。ということは、5 万円を馬券購入費として支出したときの残存する自由になる金額が 0.4 となる初期の自由にできる金額、すなわち（x−5)/x = 0.4 を満たす x = 8.33 万円がこの馬券を購入する場合の富裕層と貧困層の閾値であることを示しています。Bさんも初期の自由になる金額が8.33万円以上だったら、当たる見込みのある馬券をすべて購入することができたのですが残念ですね。

正解

Aさんの場合は、5万円すべて使って見込みのある馬券を全部購入しても構いません。しかしBさんの場合は、当たる見込みのある馬券を全部購入するのに必要な金額5万円の35%、すなわち1.75万円を注ぎ込むことしかできません。さらにCさんの場合は、当たる見込みのある馬券を全部購入するのに必要な金額5万円の30%、すなわち1.5万円を注ぎ込むことで満足しなければなりません。

(2) 高熱で美味しい料理にしたいけどガス代も少なくしたい

【質問】

中華料理を作ることを考えます。鍋をガスコンロに載せて加熱することにより料理が美味しくでき上がります。料理の美味しさは加熱の程度に依存します。また加熱させるコンロのガス量はコンロの栓の開口率の3乗に比例します。ではガス代の重要度を料理の美味しさの重要度の1/5および4/5とそれぞれ考えた場合はコンロの栓の開口率をどのように設定したらよいでしょうか。

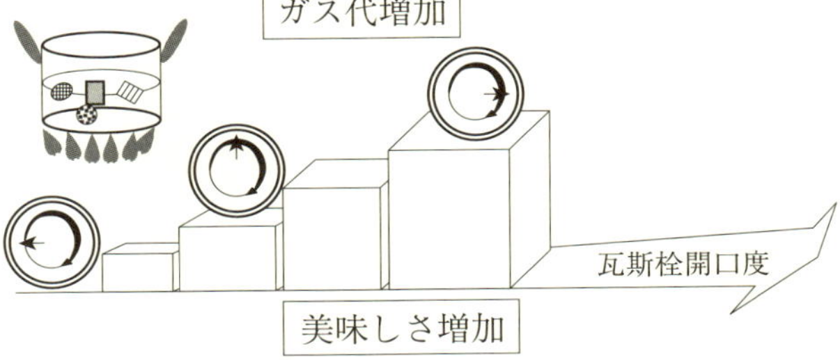

【解説】

コンロの栓の開かれる程度を最大に開口したときを1とする開口率Pで表すことにとしましょう。

この質問の場合の検討すべき因子は、料理の美味しさとガス代ということになります。

料理の美味しさはガスによる加熱量すなわち開口率に対応します。したがって開口率Pが大きいほど料理が美味しいと考えられます。しかしこの料理の美味しさと開口率Pの理論的に明確な関係は不明ですので期待度AEE曲線を利用します。このAEEは$0 \leq AEE \leq 1$の値をとります。

一方、コンロの栓を開くほどガス消費量は増えガス代は多くなります。ガス消費量はコンロの栓の開口率Pのm乗に比例すると一般的に考えるとP^mと表せます。ここで、コンロを開口する前$P = 0$におけるまったくガスを使っていない状態でのガス代の余裕度を1としたときの開口率$P = P$におけるガス代の余裕度の減少量をnP^mと表すと（$1-nP^m$）は開口率$P = P$におけるガス代の残存余裕度ということになります。ここでnはガス代の重要度の料理の美味しさの重要度に対する比率（ガス代の重要度：料理の美味しさの重要度＝n：1）ということになり、ガス代の重要度が料理の美味しさの重要度と比較して小さい場合は小さな値をとり、ガス代の重要度が料理の美味しさの重要度と比較して無視できなくなるに従って大きな値をとります。この（$1-nP^m$）は開口率Pの増加とともに減少します。

ここで料理は美味しいほど望ましいですし、ガス代の余裕度も大きいほど望ましいですから、この両因子の積$I = AEE$（$1-nP^m$）の値も大きいほど望ましいことになります。本質問の場合は$m = 3$ですから$I = AEE$（$1-\mathrm{n}P^3$）を開口率Pに対して描きますと図2-33（114頁）の結果が得られます。描かれる曲線の最大値$Imax$はnの値によって変化します。nの値が$0 < n < 0.5$の範囲では$Imax$をとるP値は同じく$P = 1$です。さらにnの値が大きくなるとともに$Imax$をとるP値は減少します。このことは料理の美味しさの重要度に対するガス代の重要度の関係によって最適な開口率Pが変わることを示しています。両方の因子の重要度を等しいとする場合は$n = 1$となりますから、$Imax$をとるP値は0.41となり全開の41％栓を開けばよいことになります。多くの場合にはガス代よりも料理の美味しさの方を重視しますから$Imax$をとるP値は大きな値をとり、ガス代を無視できる程度の場合、すなわちn< 0.5の場合は$Imax$をとるP値は1.00となり、栓を全開して料理すればよいことになります。

さて与条件の場合では、ガス代の重要度を料理の美味しさの重要度の1/5と考えた場合は$n = 1/5 = 0.2$ですから図2-20のようになり、$Imax$は$P = 1.0$でとりますから栓の開口率は100％として構いません。しかしガス代の重要度を料理の美味しさの重要度の4/5と考えた

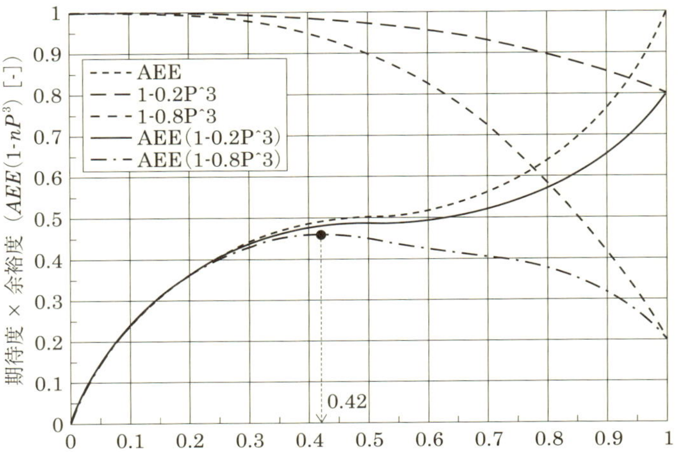

図2-20　最適ガス栓開口率

場合は n = 4/5 = 0.8 ですから同図に示すように、$Imax$ は P = 0.42 でとりますから栓の開口率は 42%としなければなりません。

正解

ガス代の重要度を料理の美味しさの重要度の 1/5 と考えた場合はコンロの栓を全開して構いませんが、ガス代の重要度が料理の美味しさの重要度の 4/5 と考えた場合はコンロの栓は全開の 42%に設定するのが最適です。

(3) 仕事の成果を上げたいけど体力の消耗も少なくしたい

【質問】

Ｃさんはある仕事を始めようとしています。成果もある程度上げてかつ体力消耗もできるだけ少なくして仕事を遂行したいと考えています。体力を使えば使うほど仕事の成果は上がりますが、一方ではより体力を消耗します。そのときの体力消耗は使用体力の 3 乗に比例し、仕事を完了したときには体力は尽きるとしましょう。ではＣさんはどの程度の体力を使用して仕事を遂行するのが最適でしょうか。

【解説】

全体力に対する使用体力の割合を使用率 P で表すことにしましょう。

この質問の場合の検討すべき因子は、仕事の成果と体力消耗ということになります。

使用率Pが大きいほど仕事が促進されることが期待されますが、仕事の成果と使用率Pの理論的に明確な関係は不明ですから期待度AEE曲線を利用します。このAEEは$0 \leq AEE \leq 1$の値をとります。

一方、使用する体力が大きくなるとそれだけ体力を消耗します。体力消耗は使用体力のm乗に比例すると一般的に考えると体力の消耗はP^mと表せます。ここで、仕事を開始する前$P=0$でのまったく体力を消耗していない状態での体力の余裕度を1としたときの使用率$P=P$における体力の余裕度の減少量をnP^mと表すと（$1-nP^m$）は使用率$P=P$における体力の残存余裕度ということになります。ここでnは体力の重要度の仕事の成果の重要度に対する比率（体力の重要度：仕事の成果の重要度＝n：1）ということになり、体力の重要度が仕事の成果の重要度と比較して小さい場合は小さな値をとり、体力の重要度が仕事の成果の重要度と比較して無視できなくなるに従って大きな値をとります。この（$1-nP^m$）は使用率Pの増加とともに減少します。

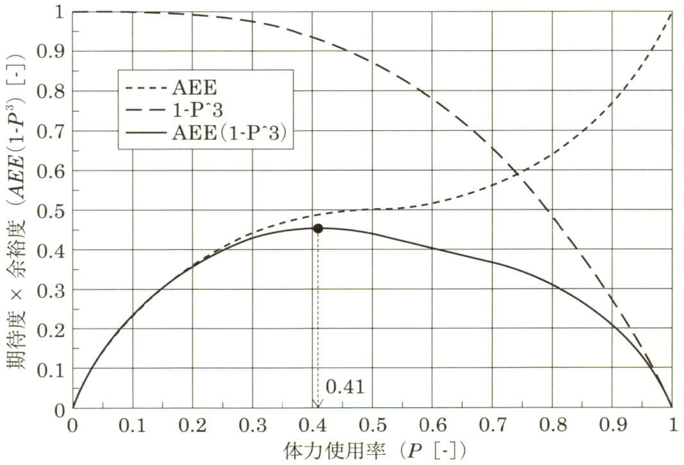

図 2-21　最適体力使用量

ここで仕事の成果は促進されるほど望ましいですし、残存体力も大きいほど望ましいですから、この両因子の積$I = AEE(1\text{-}nP^m)$の値も大きいほど望ましいことになります。本質問の場合は$m = 3$ですから$I = AEE(1\text{-}nP^3)$を使用率Pに対して描きますと図 2-33（114 頁）の結果が得られます。描かれる曲線の最大値$Imax$はnの値によって変化します。nの値が大きくなるとともに$Imax$をとるP値は小さくなります。

さて与条件の場合は、$n = 1$ですからIとPの関係は図 2-21 のようになり、$Imax$は$P = 0.41$でとることになりますから最適な体力使用率Pは 0.41 であることになります。つまり全体力の 41%の体力を使って仕事をすればよいわけです。

正解

全体力の 41%の体力を使って仕事を遂行するのが最適です。

(4) 修行の成果も上げたいけど体力消耗も少なくしたい

【質問】

Eさんは丸 1 日座禅を組んで修行をしようとしています。ある程度の修行の成果を上げてかつ体力消耗もできるだけ少ない状態に達したときに最も悟りを開けるといわれています。では体力消耗の重要度を修行の成果の重要度の 1/2 と考えた場合は、修業を開始してからどれくらい時間が経過したときでしょうか。もちろん修行時間が長いほど修行の成果は促進されますが、一方では体力を消耗します。その体力消耗は修行時間の 3 乗に比例するとし、1 日修行したときには体力は尽きるとしましょう。

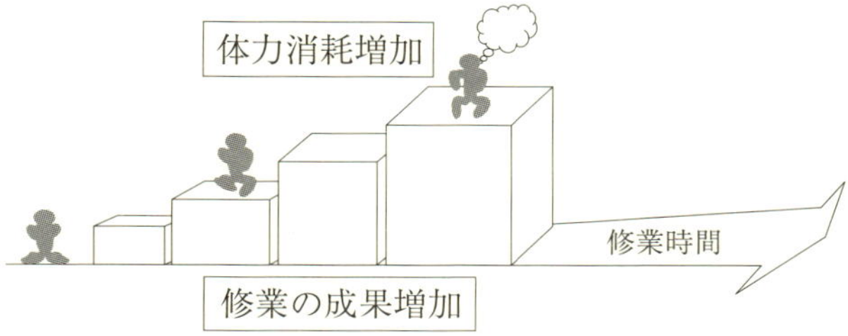

【解説】

修行経過時間の１日に対する割合を時間率Pで表すことにしましょう。

この質問の場合の検討すべき因子は、修行の成果と体力消耗ということになります。

時間率Pが大きいほど修行が促進されることが期待されますが、修行の成果と時間率Pの理論的に明確な関係は不明ですから期待度AEE曲線を利用します。このAEEは$0 \leq AEE \leq 1$の値をとります。

一方、経過時間が長くなるとそれだけ体力・集中力がなくなります。体力・集中力の消耗が時間率のm乗に比例すると一般的に考えると体力・集中力の消耗はP^mと表せます。ここで、修行を開始する前$P = 0$での体力をまったく使っていない状態での体力の余裕度を１としたときの時間率$P = P$における体力の余裕度の減少量をnP^mと表すと（$1-nP^m$）は時間率$P = P$における体力の残存余裕度ということになります。ここでnは体力の重要度の修行の成果の重要度に対する比率（体力の重要度：修行の成果の重要度＝n：1）ということになり、体力の重要度が修行の成果の重要度と比較して小さい場合は小さな値をとり、体力の重要度が修行の成果の重要度と比較して無視できなくなるに従って大きな値をとります。この（$1-nP^m$）は時間率Pの増加とともに減少します。

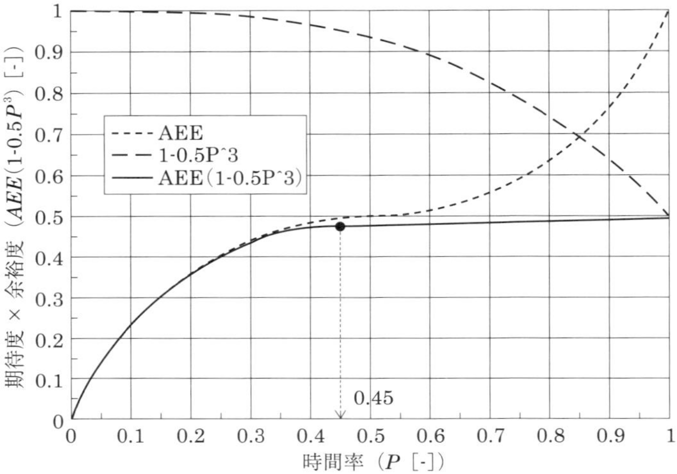

図 2-22　最適修行時間

ここで修行の成果は促進されるほど望ましいですし、体力・気力の余裕度も大きいほど望ましいですから、この両因子の積 $I = AEE\,(1-nP^m)$ の値も大きいほど望ましいことになります。本質問の場合は $m = 3$ ですから $I = AEE\,(1-nP^3)$ を時間率 P に対して描きますと図 2-33（114 頁）の結果が得られます。描かれる曲線の最大値 $Imax$ は n の値によって変化します。n の値が大きくなるとともに $Imax$ をとる P 値は小さくなります。

さて与条件の場合は、$n = 0.5$ ですから図 2-22 のようになり、$Imax$ は $P = 1.0$ でとりますから最適な時間率 P は 1.0 であることになります。すなわち 24 時間が経過したときが悟りを開くために最適な時間ということになります。悟りを開くことは大変ですね。しかし I は $P = 0.45$ で極大値をとりますから $24 \times 0.45 = 10.8$ 時間が経過したときが悟りを開く最初のピークとなるための最初の良好な経過時間ということになります。

正解

修業を開始してから１日、すなわち24時間経過したときが最も悟りを開けることになります。

3.2　減少関数が（1−$nAEA$）の場合

（1）病気を治療したいけど治療費も少なくしたい

【質問】

Ａさんは資産2,000万円を持つ程の資産家で趣味に明け暮れる毎日で優雅な日を送っています。Ｂさんは資産500万円を持つサラリーマンで真面目に勤めに励んでいます。Ｃさんは資産200万円しかない年金生活者で毎日の暮らしに汲々としています。

さてあるときＡさんとＢさんとＣさんはどういうわけか同じ病気にかかってしまいました。この病を完治するまでには400万円という治療費がかかることが判明しました。ＡさんもＢさんもＣさんも病気を治し健康になりたい気持ちに変わりはありませんが、400万円の治療費はＡさんにとってはそれほどの大金ではありませんが、Ｂさんにとってはそれなりに気になる金額です。Ｃさんにとっての400万円は今後の日々の生活を左右するほどの大金です。ではＡさんとＢさん、またＣさんはそれぞれどの程度の治癒を目指すべきでしょうか。

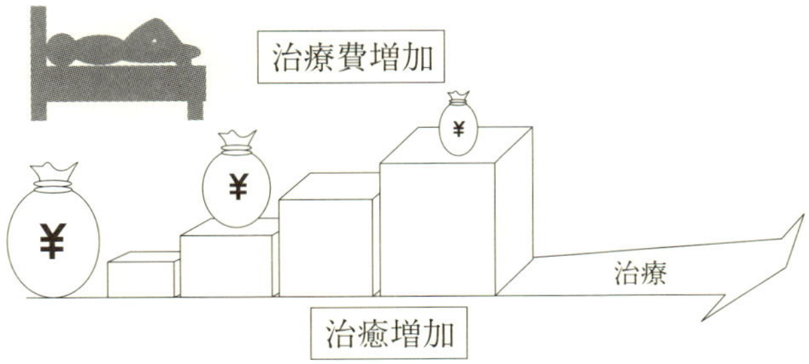

【解説】

病気を治療する場合の治癒の程度を、完治したときを1とする治癒率Pで表すことにしましょう。

この質問の検討すべき因子は、治癒と治療費ということになります。

治癒率Pが上がるに従って病気が治り健康になる期待が増します。この健康と治癒率Pの理論的に明確な関係は不明ですので期待度AEE曲線を利用します。このAEEは$0 \leq AEE \leq 1$の値をとります。

一方、治癒率Pが上がるに従って治療にかかる費用が増して不安になります。しかしこの治療費と治癒率Pの理論的に明確な関係も不明ですので不安度AEA曲線利用します。このAEAは$0 \leq AEA \leq 1$の値をとります。ここで、治療を開始する前$P = 0$での治療費をまったく使っていない状態での治療費の余裕度を1としたときの治癒率$P = P$における治療費の余裕度の減少量を$nAEA$と表すと（$1\text{-}nAEA$）は治癒率$P = P$における治療費の残存余裕度ということになります。ここでnは治療費の重要度の治癒の重要度に対する比率（治療費の重要度：治癒の重要度＝n：1）ということになり、治療費の重要度が治癒の重要度と比較して小さい場合は小さな値をとり、治療費の重要度が治癒の重要度と比較して無視できなくなるに従って大きな値をとります。この（$1\text{-}nAEA$）は治癒率Pの増加とともに減少します。ここで病気が治り健康になることに関する期待度には富裕者と貧困者の差はありませんが、初期の治療費に関する余裕度1はその人の初期の資産と対応しますから、治療費の不安度には富裕者と貧困者の違いがあり、富裕者にとってはその不安度は小さく貧困者にとってはその不安度は大きくなります。したがってnは完治するまでに要する治療費の全資産に対する比という意味があります。

ここで病気が治り健康になる期待度も大きいほど望ましいですし、治療費の余裕度も大きいほど望ましいですから、この期待度と余裕度

の積 $I = AEE\,(1\text{-}nAEA)$ の値も大きいほど望ましいことになります。そこでこの積 I を治癒率 P に対して図示すると図 2-36（115 頁）と同じ結果が得られます。曲線が最大値 $Imax$ をとる治癒率 P は n の値によって変化します。$n <$ 0.5 では $Imax$ をとる P 値は 1 です。このことは $n <$ 0.5 では完治するまで治療をしてよいことを示しています。しかし n の値が大きくなるとともに $Imax$ をとる P 値は漸減し、完治するまで治療したときの治療費の不安度が初期の余裕度と等しくなった場合、つまり n = 1 の場合は $Imax$ をとる P 値は 0.50 になります。これを言い換えると、完治するまでに要する治療費と初期の資産の比が 0.5 以下であれば完治するまで治療を続けることが最適となります。

さて与条件の場合では、A さんの場合は 2,000 万円の資産に対して完治までに必要とする治療費は 400 万円ですから n = 0.2 となり図 2-23 に示すようになり、$Imax$ は P = 1.0 でとりますから治癒率 P = 1 となる完治をするまで治療を続けるのが最適ということになります。

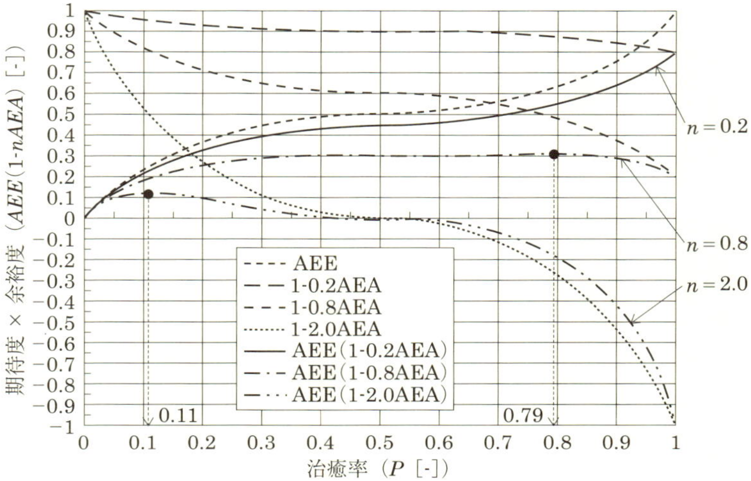

図 2-23　最適治癒率

しかしBさんの場合は500万円の資産に対して完治までに必要とする治療費は400万円ですから$n=0.8$となり同図に示すように、$Imax$は$P=0.79$でとりますから完治まで治療を続けることは無理で治癒率$P=0.79$を最適値として治療しなければなりません。またCさんの場合は200万円の資産に対して完治までに必要とする治療費は400万円ですから$n=2$となり同図に示すように、$Imax$は$P=0.11$でとりますから完治まで治療を続けることは無理で治癒率$P=0.11$を最適値として治療することで我慢しなければなりません。

正解

Aさんの場合は、完治すなわち治癒率100％を目指して治療して構いません。しかしBさんの場合は、治癒率79％で我慢しなければなりません。またCさんの場合は、治癒率50％で我慢しなければなりません。

(2) より遠くへ飛ばしたいけどスライスやフックも少なくしたい

【質問】

BさんとCさんはゴルフが好きです。下手ですが大好きです。ところで2人ともゴルフクラブ、特にドライバーをどの程度の力で振ればよいのか分からないものですから、もっている最大の力でボールを引っ叩いてより遠くへ飛ばそうとしているのが現状です。でもそうすると、球筋が安定せず、ときには大きくスライスしたり、フックしたり、そしてたまにはチョロしたり……、真っ直ぐ飛んでくれないので悩んでいます。それではゴルフクラブはどの程度の力で振れば、距離もある程度出て、真っ直ぐな球筋のボールを飛ばすことができるでしょうか。もちろん振る力が大きくなるとともに飛距離も増加しますが、一方では球筋も次第に不安定になっていくと考えます。そしてBさんとCさんは球筋の重要度を飛距離を得る重要度の80％、100％とそれぞれ考えています。

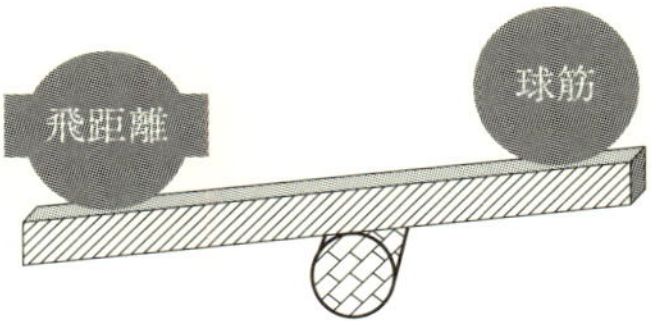

【解説】

クラブを振るとき、もっている最大力を１として振る力の割合を打力率Pで表すことにしましょう。

この質問の場合の検討すべき因子は、飛距離と球筋ということになります。

打力率Pが上がるに従って飛距離への期待が増します。しかし飛距離と打力率Pの理論的に明確な関係は不明ですので、期待度AEE曲線を利用します。このAEEは$0 \leq AEE \leq 1$の値をとります。

一方、打力率Pが上がるに従ってフックしたりスライスしたりして球筋に関する不安が増します。しかしこの球筋と打力率Pの理論的に明確な関数関係も不明ですので、不安度AEA曲線を利用します。このAEAは$0 \leq AEA \leq 1$の値をとります。ここで、クラブを振る前の$P = 0$での直線的飛球を理想としている状態での球筋の余裕度を１としたときの打力率$P = P$における球筋の余裕度の減少量を$nAEA$と表すと（$1\text{-}nAEA$）は打力率$P = P$における球筋の残存余裕度ということになります。ここでnは球筋の重要度の飛距離の重要度に対する比率（球筋の重要度：飛距離の重要度＝n：1）ということになり、球筋の重要度が飛距離の重要度と比較して小さい場合は小さな値をとり、球筋の重要度が飛距離の重要度と比較して無視できなくなるに従って大きな値をとります。またこのnは最大力で振ったときのスライスやフックの程度と直線の比ということになります。この（$1\text{-}nAEA$）は打力率Pの増加とともに減少します。

ここで飛距離の期待度も大きいほど望ましいですし、球筋の余裕度も大きいほど望ましいですから、この両因子の積$I = AEE(1\text{-}nAEA)$の値も大きいほど望ましいことになります。そこでこの積Iを治癒率Pに対して図示すると図 2-36（115 頁）と同じ結果が得られます。曲線が最大値$Imax$をとる治癒率Pはnの値によって変化します。$n < 0.5$では$Imax$をとるP値は 1 です。このことは$n < 0.5$ではもてる力を 100％発揮してスイングしてよいことを示しています。しかしnの値が大きくなるとともに$Imax$をとるP値は漸減しもてる力を 100％発揮してスイングしたときの球筋の不安度が初期の安心度と等しくなった場合、つまり$n = 1$の場合は$Imax$をとるP値は 0.50 になります。これを言い換えると、最大力で振ったときの球筋の悪化の程度と直線飛行の比が 0.5 以下であれば最大力で振ることが最適となります。

さて与条件の場合では、B さんの場合は$n = 0.8$ですから図 2-24 に

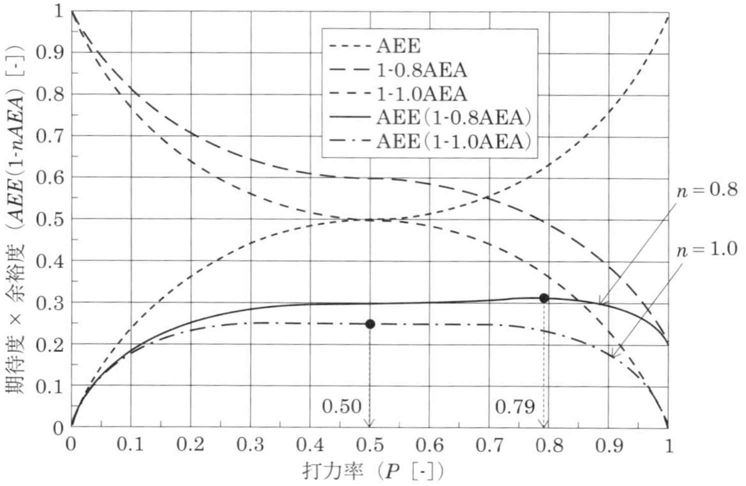

図 2-24　最適スイング力

示すようになり、$Imax$ は $P = 0.79$ でとりますから最大力の 79％で振るのが最適ということになります。また、Cさんの場合は $n = 1.0$ ですから同図に示すように、$Imax$ は $P = 0.50$ でとりますから最大力の 50％で振るのが最適となります。この値はプロゴルファーたちが日頃推奨している値ともほぼ一致します。楽しいゴルフをするためには、クラブを最強振せずにもてる最大力の 0.70 の力で振ることが望ましいようです。

なお、$I = AEE$（1−$nAEA$）の代わりに飛距離が打力率Pに比例すると考えた $I = P$（1−$nAEA$）をとると図 2−31（113 頁）に示したように、このときの $Imax$ は $n = 0.8$ のとき $P = 0.76$ でとります。また $n = 1.0$ としたときは $Imax$ は $P = 0.70$ でとることになります。

正解

Bさんは最大力の 79％で振るのが最適となります。Cさんは 50％で振るのが最適となります。

(3) 修行に最適な座禅時間

【質問】

Bさんと C さんは 1 日のうちの食事と睡眠のための時間を除いた残り 8 時間を座禅を組んで修行をしています。ところで 2 人ともどの程度の時間座禅を組むのが最適か分からないものですから、言われるがまま 8 時間座禅を組んでいるのが現状です。でもそうすると、体力が消耗し集中力も途切れがちになるので悩んでいます。それでは座禅は 8 時間のうちどの程度の時間組むときが、悟りもある程度得られて、体力の消耗も少なく気持ちの集中も途切れずにすることができるでしょうか。もちろん時間を多くかけるほど悟りは開かれますが、一方では体力や集中力も次第に不安定になっていくと考えます。そしてBさんとCさんは体力や集中力の重要度を悟りを得ることの重要度の50%、100%とそれぞれ考えています。

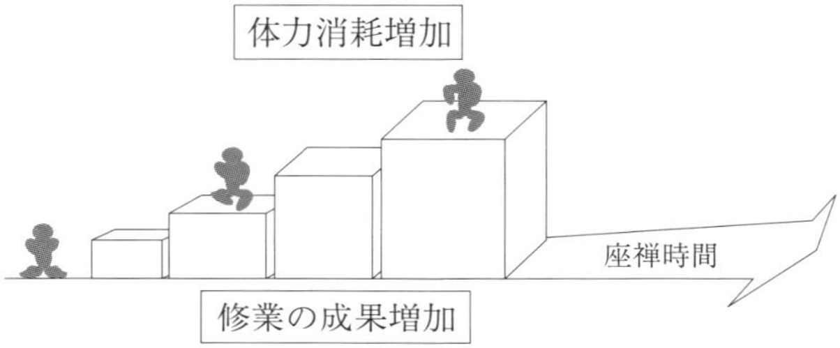

【解説】

8時間のうちで修行の経過時間の割合を時間率Pで表すことにしましょう。

この質問の場合の検討すべき因子は、悟りと体力・集中力ということになります。

時間率Pが大きくなるに従って悟りへの期待が増します。しかし悟りと時間率Pの理論的に明確な関係は不明ですので、期待度AEE曲線を利用します。このAEEは$0 \leq AEE \leq 1$の値をとります。

一方、時間率Pが大きくなるに従って体力が消耗し集中力を欠いてくることの不安が増します。しかしこの体力・集中力の欠如と時間率Pの理論的に明確な関係も不明ですので、不安度AEA曲線を利用します。このAEAは$0 \leq AEA \leq 1$の値をとります。ここで、修行を開始する前$P = 0$でのまったく体力・集中力が損われていない状態での体力・集中力の余裕度を1としたときの時間率$P = P$における体力・集中力の余裕度の減少量を$nAEA$と表すと（$1-nAEA$）は時間率$P = P$における体力・集中力の残存余裕度ということになります。ここでnは体力・集中力の重要度の悟りの重要度に対する比率（体力・集中力の重要度：悟りの重要度＝n：1）ということになり、体力・集中力の重要度が悟りの重要度と比較して小さい場合は小さな値をとり、体力・集中力の重要度が悟りの重要度と比較して無視できなくなるに従って大きな値をとります。この（1-$nAEA$）は時間率Pの増加とともに減少します。

ここで悟りの期待度も大きいほど望ましいですし、体力・集中心の余裕度も大きいほど望ましいですから、この期待度と余裕度の積I＝AEE（1-$nAEA$）の値も大きいほど望ましいことになります。そこでこの積Iを時間率Pに対して図示すると図 2-36（115 頁）と同じ結果が得られます。曲線が最大値$Imax$をとる治癒率Pはnの値によって変化します。n＜0.5 では$Imax$をとるP値は 1 です。このことはn＜0.5 では 8 時間座禅したときが最適であることを示しています。しかしnの値が大きくなるとともに$Imax$をとるP値は漸減し 8 時間座禅したときの体力・集中力の不安度が初期の余裕度と等しくなった場合、つま

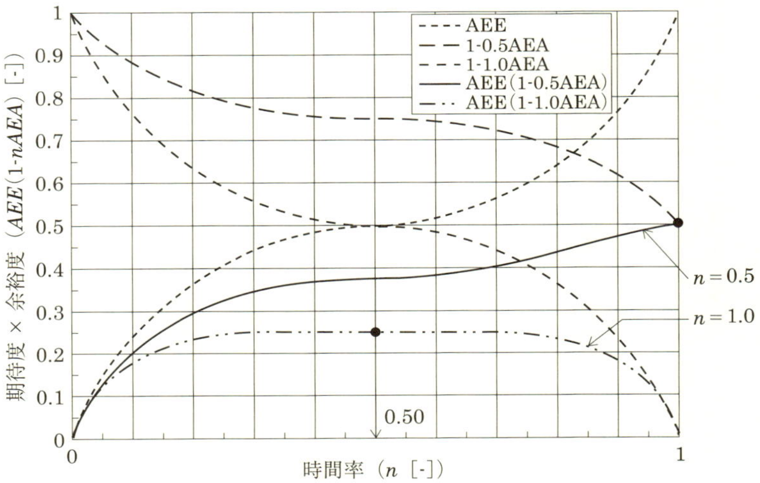

図 2-25　最適座禅時間

り $n = 1$ の場合は $Imax$ をとる P 値は 0.50 になります。この場合は 4 時間座禅したときが最適となります。

さて与条件の場合では、B さんの場合は $n = 0.5$ となり図 2-25 に示すように、$Imax$ は $P = 1.00$ でとりますから 8 時間の 100％、すなわち 8 時間経過したときが最適となります。また C さんの場合は $n = 1.0$ となり同図に示すように、$Imax$ は $P = 0.50$ でとりますから、8 時間の 50％、すなわち 4 時間経過したときが最適となります。しかし $Imax$ の値は大きく異なります。

正解

…… B さんは 1 日 8 時間の 100％の時間、すなわち 8 時間修行するのが最適となります。C さんは 50％の時間、すなわち 4 時間修行するのが最適となります。

(4) これから 10 年後に人生最盛期を迎えたいけど体力減少も少なくしたい

【質問】

A さんは今 68 歳の誕生日を迎え今後の人生設計について考えています。10 年後に喜寿 77 歳になりますが、そのときに人生最高潮の年齢にしたいと考えています。では、そのためには何歳まで生き延びるように設定したらよいでしょうか。A さんは設定した年齢に達したときの体力は現体力の 30％以上にしておきたいとも考えています。もちろん年齢を重ねるとともに人生を楽しめる機会は増加しますが、一方では健康状態の悪化の程度も増加します。

【解説】

目標年齢をY_O、現在の年齢をY_P、今後のある年齢をYとして、年齢Yにおける延命率Pを（Y−Y_P)/(Y_O−Y_P）と表すことにしましょう。

この質問の場合の検討すべき因子は、人生の楽しみと体力ということになります。

延命率Pが大きくなるに従って人生の楽しみが増加しますが、この人生の楽しみの程度と延命率Pとの理論的に明確な関係は不明ですので期待度AEE曲線を利用します。このAEEは$0 \leq AEE \leq 1$の値をとります。

一方、延命率Pが大きくなればなるほど疾病等が生じ体力に対する不安は大きくなります。この体力と延命率Pとの理論的に明確な関係は不明ですので、不安度AEA曲線を利用します。このAEAは$0 \leq AEA \leq 1$の値をとります。ここで、現在$P = 0$でのまったく体力が損われていない状態での体力の余裕度を1としたときの延命率$P = P$における体力の余裕度の減少量を$nAEA$と表すと（$1-nAEA$）は延命率$P = P$における体力の残存余裕度ということになります。ここでnは体力の重要度の人生の楽しみの重要度に対する比率（体力の重要度：人生の楽しみの重要度＝n：1）ということになり、体力の重要度が人生の楽しみの重要度と比較して小さい場合は小さな値をとり、体力の重要度が人生の楽しみの重要度と比較して無視できなくなるに従って大きな値をとります。この（1-$nAEA$）は延命率Pの増加とともに減少します。

ここで人生の楽しみの期待度も大きいほど望ましいですし、体力の余裕度も大きいほど望ましいですから、この両因子の積$I = AEE$（1-$nAEA$）の値も大きいほど望ましいことになります。そこでこの積Iを延命率Pに対して図示すると図2-36（115頁）と同じ結果が得られます。曲線が最大値$Imax$をとる延命率Pはnの値によって変化します。$n < 0.5$では$Imax$をとるP値は1です。このことは$n < 0.5$では最高潮にもっていきたい年齢をそのまま目標としてよいことを示しています。しかしnの値が大きくなるとともに$Imax$をとるP値は漸減し最高潮にもっていきたい年齢における体力の不安度が初期の余裕度と等しくなった場合、つまり$n = 1$の場合は$Imax$をとるP値は0.50になります。これを言い換えると、目標年齢に達成するまでに消耗した体力

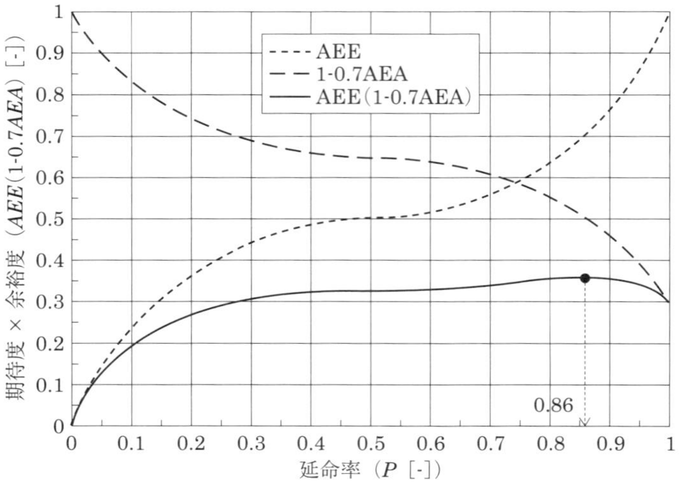

図2-26　最適目標年齢

と初期の体力の比が 0.5 以下であれば 77 歳をそのまま目標年齢として構いません。

さて与条件の目標年齢における残存体力が現時点の 0.3 となる場合は $n = 0.7$ となりますから図 2-26 に示すようになり、$Imax$ は $P = 0.86$ でとりますから（77-68)/0.86 + 68 = 78.5 となり 78.5 歳を目標年齢とすれば丁度 77 歳で最高潮に達することができることになります。目標年齢における残存体力が現時点の 0.1 となる場合は $n = 0.9$ となりますから $Imax$ は $P = 0.69$ で最適値をとりますから（77-68)/0.69 + 68 = 81.0 となり 81.0 歳を目標年齢とすればちょうど 77 歳で最高潮に達することができることになります。このことは図 2-36（115 頁）を見て確かめて下さい。

正解

78.6 歳を目標年齢と設定するのが最適です。

(5) トップがもつ目標を達成させるために部下に示すべき目標

【質問】

企業のトップであるＡさんはトップとしてどうしても達成したい事業の目標値 P_{TOP} をもっています。ではこの企業の初期の組織体力を 100 とした場合、部下が部下としての目標値を完全達成するまでに費やす組織体力が 60（残余体力 40）になる場合と部下が部下としての目標値を完全達成するまでに費やす組織体力が 100（残余体力 0）になる場合とについて、Ａさんが達成したい事業の目標値 P_{TOP} をどのように部下に伝えたら部下はＡさんの目標値 P_{TOP} を達成してくれるでしょうか。もちろん目標が達成されるとともに事業業績は向上しますが、一方では失う組織体力も増加します。

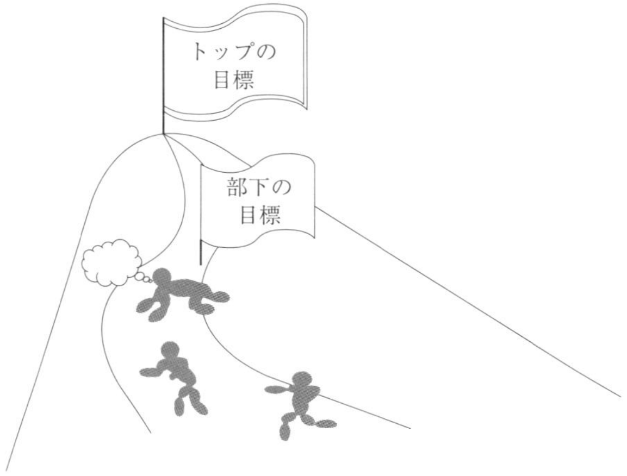

【解説】

部下に目標を提示するとき、部下に提示した目標値を1としてその達成率をPで表すことにしましょう。

この質問の場合の検討すべき因子は、業績と組織体力ということになります。

達成率Pが大きくなるに従って業績向上の値が増加します。しかしその業績向上と達成率Pとの理論的に明確な関係は不明ですので期待度AEE曲線を利用します。このAEEは$0 \leq AEE \leq 1$の値をとります。

一方、部下が目標に向かって仕事をすればするほど組織としての体力の消耗が不安になります。この組織体力と達成率Pとの理論的に明確な関係も不明ですので、不安度AEA曲線を利用します。このAEAは$0 \leq AEA \leq 1$の値をとります。ここで、部下に目標を与える前$P=0$での組織としての体力がまったく損われていない状態での体力の余裕度を1としたときの達成率$P=P$における体力の余裕度の減少量を

$nAEA$と表すと（1-$nAEA$）は達成率$P = P$における体力の残存余裕度ということになります。ここでnは体力の重要度の業績の重要度に対する比率（体力の重要度：業績の重要度＝n：1）ということになり、体力の重要度が業績の重要度と比較して小さい場合は小さな値をとり、体力の重要度が業績の重要度と比較して無視できなくなるに従って大きな値をとります。この（1-$nAEA$）は達成率Pの増加とともに減少します。

ここで業績向上の期待度も大きいほど望ましいですし、組織体力の余裕度も大きいほど望ましいですから、この期待度と余裕度の積$I = AEE$（1-$nAEA$）の値も大きいほど望ましいことになります。そこでこの積Iを達成率Pに対して図示すると図 2-36（115 頁）と同じ結果が得られます。曲線が最大値$Imax$をとる治癒率Pはnの値によって変化します。$n < 0.5$では$Imax$をとるP値は 1 です。このことは$0 < n < 0.5$ではトップとしての目標P_{TOP}をそのまま部下に提示してよいことを示しています。しかしnの値が大きくなるとともに$Imax$をとるP値は漸減し目標を完全に達成したときの組織体力の不安度が初期の安心度と等しくなった場合、つまり$n = 1$の場合は$Imax$をとるP値は 0.50 になります。この場合は 1/0.5 = 2 ですからトップとしての目標P_{TOP}の 2 倍の目標値を部下に提示すべきであることになります。

さて与条件の場合の体力が 100 から 40 に落ちる与条件の場合は$n = 0.6$となりますので、図 2-27 に示すようになり、$Imax$は$P = 0.94$でとりますからこの達成率Pがトップの目標値P_{TOP}と一致するように一工夫して目標値を部下に提示する必要があります。すなわちP_{TOP}を 1/0.94 = 1.06 倍した値を部下に提示しておけば、部下はその値を目標値（部下の場合の$P = 1$）と考え、その$P = 0.94$でIは最大値をとることになりますから、トップの考える目標値P_{TOP}とIが最大値をとるP値と一致することになります。また組織としての体力が 100 から 0 に

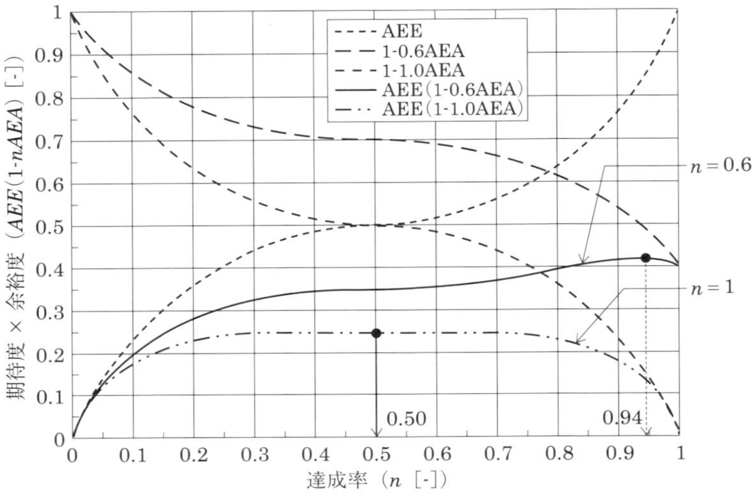

図 2-27　最適指示目標値

落ちる与条件の場合は $n = 1$ となりますので、図 2-27 のように $Imax$ は $P = 0.50$ でとります。したがってこの達成率がトップの目標値 P_{TOP} と一致するようにやはり工夫して目標値を部下に提示する必要があります。すなわち P_{TOP} を 1/0.50 = 2 倍した値を部下に提示しておけば、部下はその値を目標値（部下の場合の $P = 1$）と考え、その $P = 0.50$ で I は最大値をとることになりますから、トップの考える目標値 P_{TOP} と I が最大値をとる P 値と一致することになります。

正解

残余体力 40 になる場合は、トップとしての目標値 P_{TOP} の 1.06 倍の目標値を部下に示しておく必要があります。また残余体力 0 になる場合は、トップとしての目標値 P_{TOP} の 2 倍の目標値を部下に示しておく必要があります。

(6) 美味しく調理したいけど電子レンジの損傷も少なくしたい

【質問】

Cさんは電子レンジを用いて調理しようとしています。電子レンジのワット数を高くすれば調理がより進行しますから、調理の進行の程度はワット数に依存します。しかし使用する電子レンジは旧式なのでワット数を上げると電子レンジを損傷する結果を生じかねません。では電子レンジの損傷の重要度を調理の重要度の 7/10 と考えた場合は、この電子レンジのワット数をどのように設定して調理したらよいでしょうか。

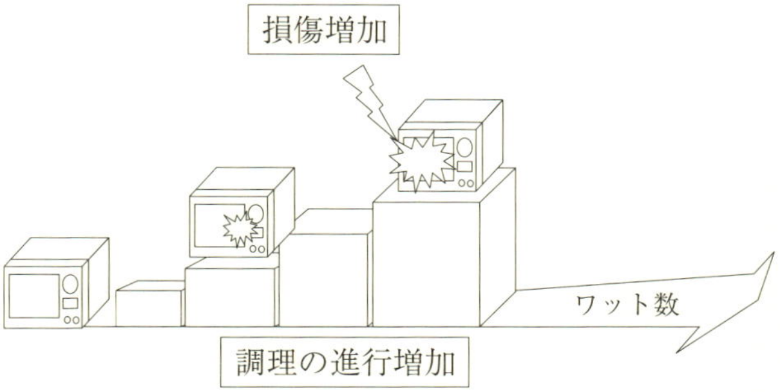

【解説】

設定できる最大ワット数に対する実際の設定ワット数の割合をワット率Pで表すことにしましょう。

この質問の場合の検討すべき因子は、調理と電子レンジの損傷ということになります。

調理の促進の程度は設定するワット数に対応し、ワット数が大きいほど調理が促進すると考えられます。しかしこの調理促進とワット率Pの理論的に明確な関係は不明ですのでワット率に対して調理の促進に関した期待度AEE曲線を利用します。このAEEは$0 \leq AEE \leq 1$の値をとります。

一方、ワット率Pが大きくなればなるほど電子レンジの損傷に対する不安は大きくなります。この電子レンジの損傷とワット率Pとの理論的に明確な関係も不明ですので、不安度AEA曲線を利用します。このAEAは$0 \leq AEA \leq 1$の値をとります。ここで、調理を始める前$P = 0$でのまったく電子レンジに新たな損傷がない状態での電子レンジ損傷の余裕度を1としたときのワット率$P = P$における電子レンジ損傷の余裕度の減少量を$nAEA$と表すと（1-$nAEA$）はワット率$P = P$における電子レンジ損傷の残存余裕度ということになります。ここでnは電子レンジ損傷の重要度の調理の重要度に対する比率（電子レンジ損傷の重要度：調理の重要度＝n：1）ということになり、電子レンジ損傷の重要度が調理の重要度と比較して小さい場合は小さな値をとり、電子レンジ損傷の重要度が調理の重要度と比較して無視できなくなるに従って大きな値をとります。この（1-$nAEA$）はワット率Pの増加とともに減少します。

ここで調理は促進されるほど望ましいですし、電子レンジの損傷に対する余裕度も大きいほど望ましいですから、上記の両因子の積$I = AEE$（1-$nAEA$）の値も大きいほど望ましいことになります。そこでこの積Iをワット率Pに対して描きますと図2-36（115頁）と同じ結果が得られます。描かれる曲線の最大値$Imax$はnの値によって変化します。このことは調理促進の重要度に対する電子レンジの損傷の重要度の関係によって最適なワット率が変わることを示しています。nの値が$0 < n < 0.5$の範囲では$Imax$は$P = 1$でとります。つまりこのときは最大ワット数で調理してよいことになります。nの値がさらに大きくなるとともに$Imax$をとるP値は減少します。両方の因子の重要度を同等とする場合は$n = 1$となりますがそのときの$Imax$をとるP値は0.50となります。つまりこのときは最大ワット数の50％のワット数で調理する必要があることになります。このことは図2-36（115頁）を見て

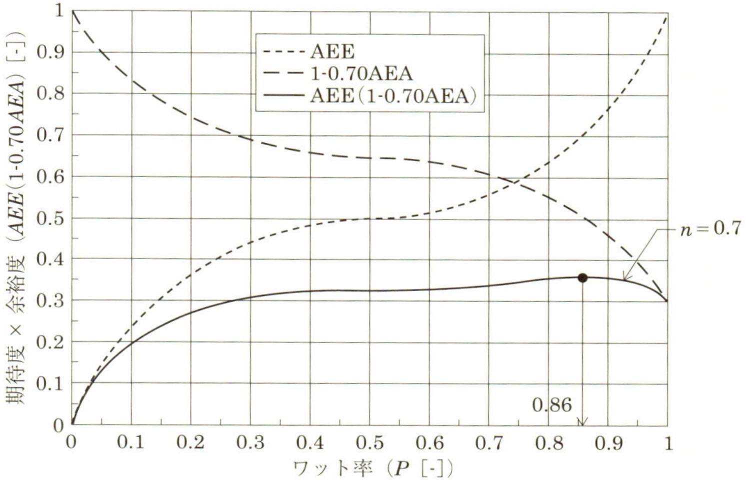

図 2-28　最適電子レンジワット数

確かめて下さい。

さて与条件の場合は n = 0.7 ですから図 2-28 のようになり、$Imax$ は P = 0.86 でとりますから最大ワット数の 86％で調理すればよいことになります。

正解

最大ワット数の 86％で調理するのが最適です。

4．各評価因子が最大値をとる P 値と n 値の関係

以上で対象とした各評価因子と P 値の関係図および各評価因子が最大値をとる P 値と n 値の関係をあらためて示しておきますから、ご自分で創作された質問の解を得るときにご利用ください。

4.1 1-exp(−6.91*P*) を増加関数とする場合

(1) $I = \{1-\exp(-6.91P)\}(1-nP^3)$

この場合の*I* vs *P*の関係を図 2-29 に示します。

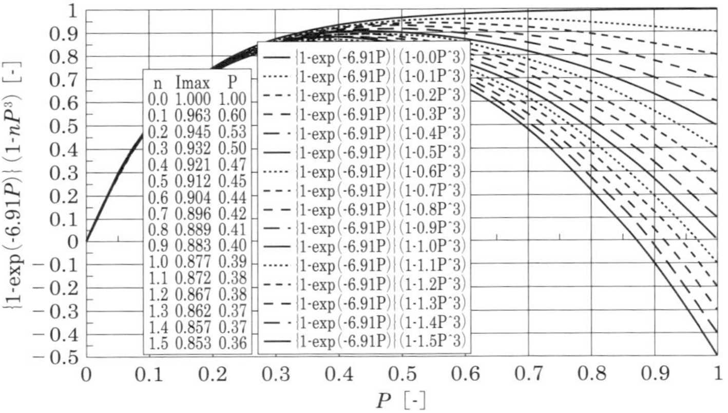

図 2-29 $\{1-\exp(-6.91P)\}(1-nP^3)$

(2) $I = \{1-\exp(-6.91P)\}(1-nAEA)$

この場合の*I* vs *P*の関係を図 2-30 に示します。

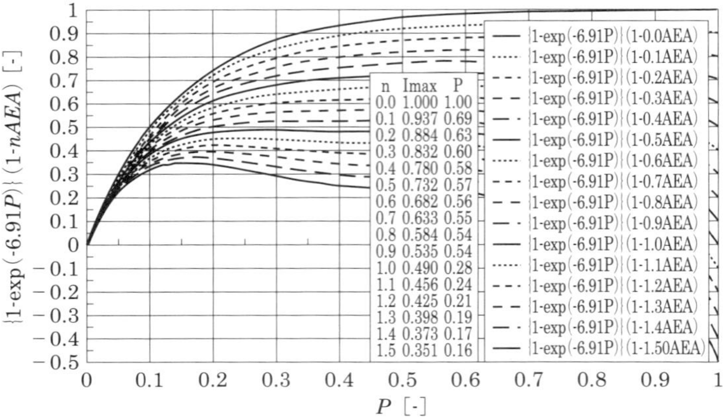

図 2-30 $\{1-\exp(-6.91P)\}(1-nAEA)$

4.2　P^n を増加関数とする場合

(1)　$I = P(1-nAEA)$

この場合の I vs P の関係を図 2-31 に示します。

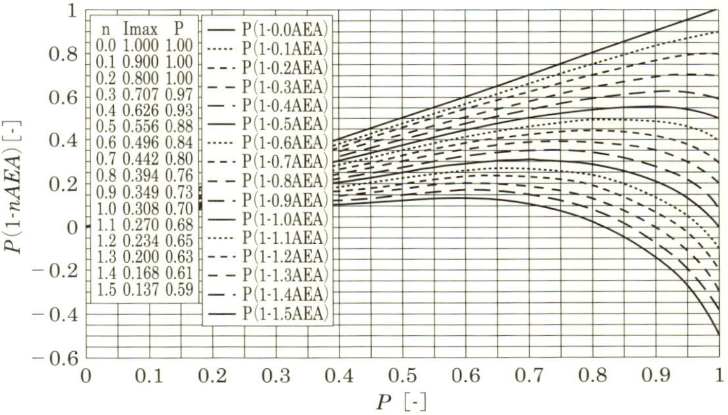

図 2-31　$P(1-nAEA)$

(2)　$I = P^m(1-AEA)$

この場合の I vs P の関係を図 2-32 に示します。

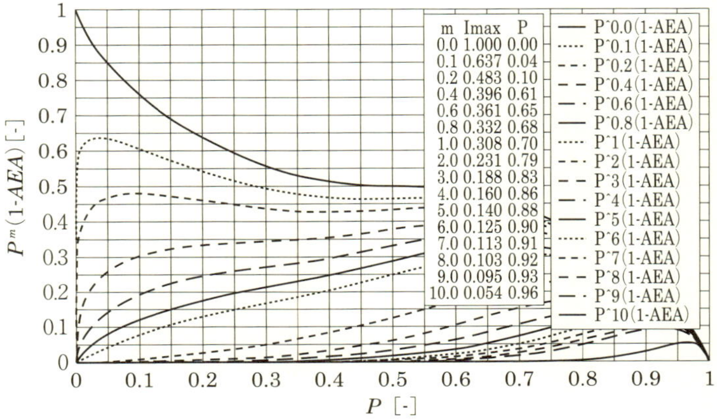

図 2-32　$P^m(1-AEA)$

4.3　*AEE*を増加関数とする場合

（1）$I = AEE\,(1-nP^3)$

この場合のI vs Pの関係を図 2-33 に示します。

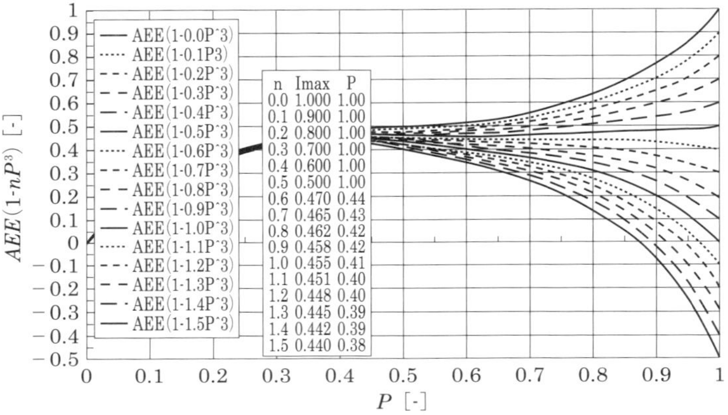

図 2-33　$AEE\,(1-nP^3)$

（2）$I = AEE\,(1-P^m)$

この場合のI vs Pの関係を図 2-34 に示します。

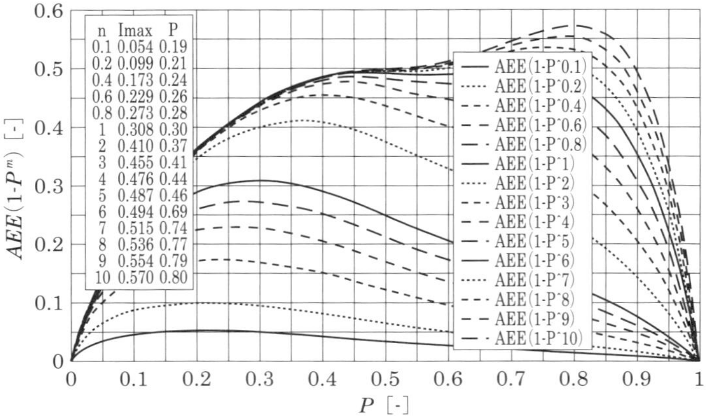

図 2-34　$AEE\,(1-P^m)$

（3）$I = AEE\ (1\text{–}nP)$

この場合の I vs P の関係を図 2–35 に示します。

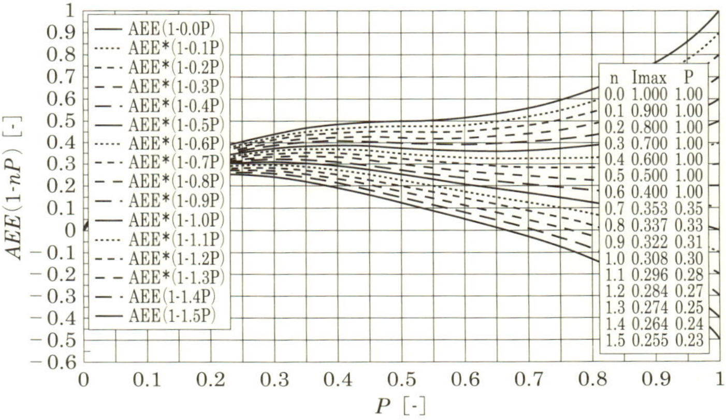

図 2–35　$AEE\ (1\text{–}nP)$

（4）$I = AEE\ (1\text{–}nAEA)$

この場合の I vs P の関係を図 2–36 に示します。

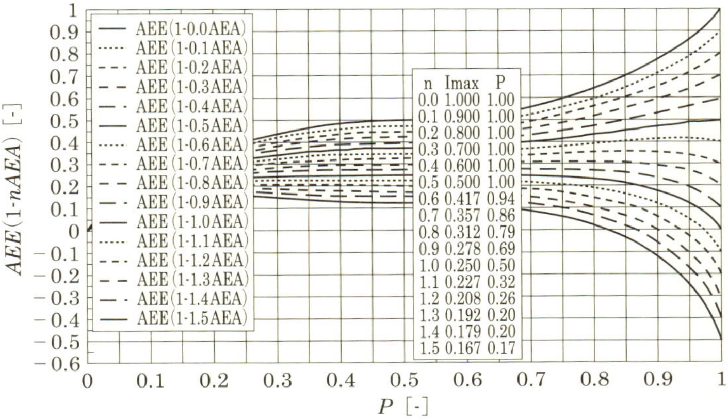

図 2–36　$AEE\ (1\text{–}nAEA)$

さらにこれらの場合の*Imax*をとる*P*値と*n*値の関係を図 2-37、図 2-38 に示します。

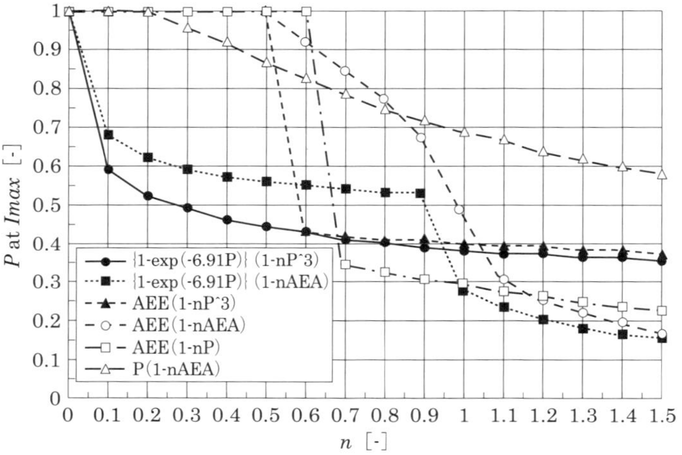

図 2-37　*Imax* を示す *P* と *n* の関係その 1

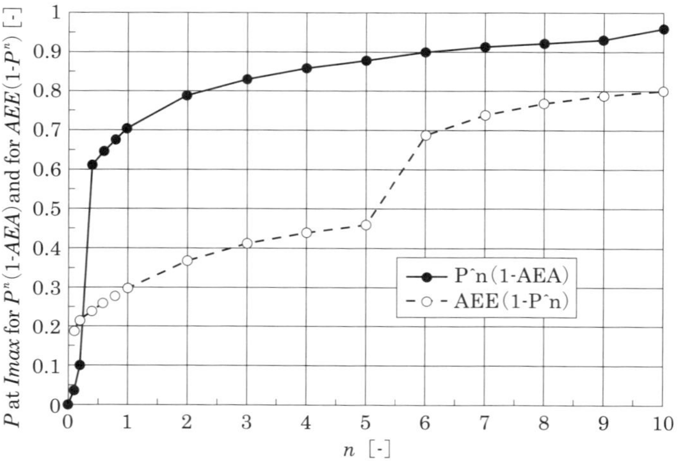

図 2-38　*Imax* を示す *P* と *n* の関係その 2

第III章

主観確率と客観確率を利用する場合

1．５つの階層への階層分け

【質問】

さまざまな地酒をテイスティングし、その甘さを五感に従って、つまり主観的評価によって５つの階層に分類することを想定してください。そのとき階層分けされた各階層の糖度を物理的に測定した場合の糖度の範囲幅、すなわち客観的評価値の幅が最大となるのはどの階層でしょうか。

【解説】

一般に人間が対象とするものをその特性や状態の程度に応じた階層に分ける場合、判断するための基準が物理的に測定された数値等の客観的評価値のときは何の問題も生じません。しかし精確に数値化されていない主観的評価値の場合、あるいは客観評価値を人間の感覚によって変換された主観評価値の場合は問題が残ります。たとえすべての階層が主観評価値軸上で同じ幅をもつように設定しても、客観評価値軸上では同じ幅を有することにならないことが大きな問題です。つまり評価値を主観確率とする場合にn階層に分けるときは主観確率軸上の0～1の間を均等にn個の階層に分けたとしても、客観確率軸上では客観確率の0～1の間を均等にn個の階層に分けていることにはならないからです。

例えば、人間が自分をその国の超富裕層、富裕層、中間層、貧困層、超貧困層の5階層のどの層に属するかを評価することを考えてみましょう。この場合、横軸に資産額を最大資産額で割った値、すなわち客観資産比率をとると、人間がどの程度富裕と考えるかを判断する

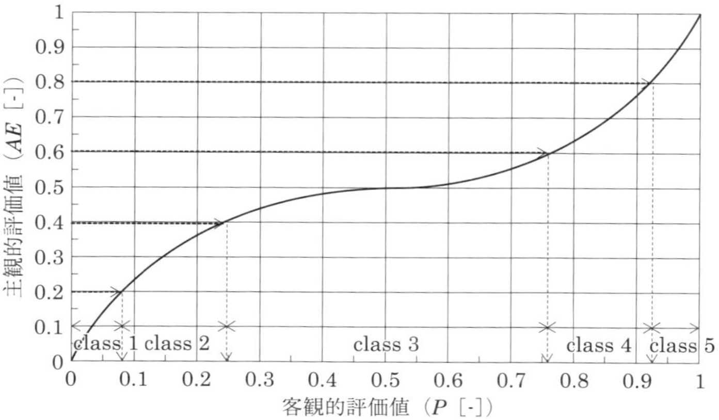

図3-1　主観的評価値を5階層に均等に分けた場合の客観的評価値の幅

主観資産比率は図 3-1 の縦軸で表されます。この関係は図序-3（7 頁）の客観比率と主観比率の関係と同じになります。図から明らかなように、縦軸の主観資産比の 0～1 の間を 5 つの階層に均等に分けたときの各階層の客観資産確率軸上の幅の大小関係は、第 1 階層（超貧困層）＝第 5 階層（超富裕層）＜第 2 階層（貧困層）＝第 4 階層（富裕層）＜第 3 階層（中間層）であり、第 3 階層の中間層の占める客観資産確率の範囲が一番大きくなっています。なお、ここでいう最大資産額は統計的にある有効な意味をもつ常識的な額であり、極端に桁はずれの大きな額ではないことに留意してください。同じ考え方が質問の地酒の階層分けでもいえることになります。

正解

第 3 番目の階層の客観的評価値の幅が最大となる。

2．主観的階層幅と客観的階層幅

【質問】

ある対象を主観的評価値によって 3、5、7、9、11 階層に分けるときの対応する客観確率（客観比）軸上の範囲（幅）を図示しなさい。

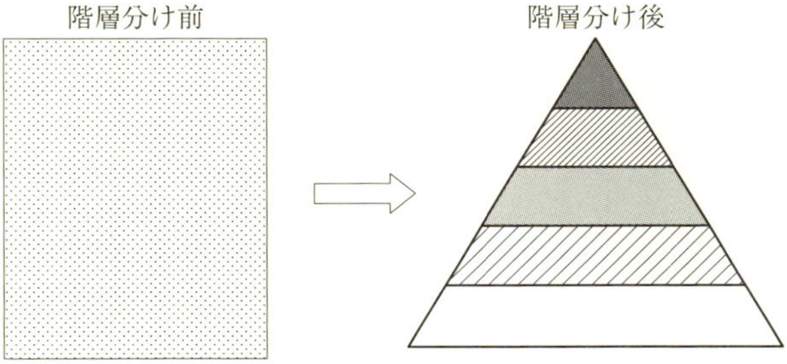

【解説】

主観確率を均等幅に分け順番に並べると表 3-1 のようになります。

表 3-1　3、5、7、9、11 階層分けの場合の客観確率幅（主観確率幅）

階層順番	階層分けの数 n				
	n=11 (1/11=0.091)	n=9 (1/9=0.111)	n=7 (1/7=0.143)	n=5 (1/5=0.2)	n=3 (1/3=0.333)
1st	0.028	0.036	0.05	0.079	0.174
2nd	0.041	0.057	0.085	0.164	0.652
3rd	0.057	0.082	0.146	0.514	0.174
4th	0.077	0.132	0.438	0.164	
5th	0.121	0.387	0.146	0.079	
6th	0.324	0.132	0.0.085		
7th	0.121	0.082	0.05		
8th	0.077	0.057			
9th	0.057	0.036			
10th	0.041				
11th	0.028				

この結果を横軸に階層分けしたときの階層の順番、縦軸に各階層の主観確率（主観比率）の幅を客観確率（客観比率）の幅で除した値をとって示すと図 3-2 のようになります。縦軸の値が 1 より小さければその階層の主観確率（主観比率）の幅は客観確率（客観比率）の幅より小さいことを、また、縦軸の値が 1 より大きければその逆になることを示しています。いずれの階層分けの場合も中間の層ほど客観確率幅に対する主観確率幅の割合が大きくなっていることがよく分かります。これから主観的評価値によって階層分けされた事項を検討するときはこのことに十分留意する必要があります。

つまり主観確率あるいは主観比率に基づいて階層分けされた結果を検討するときは、対象とした主観評価値を客観評価値と比較して議論することが不可欠になることをここでは強調したいのです。

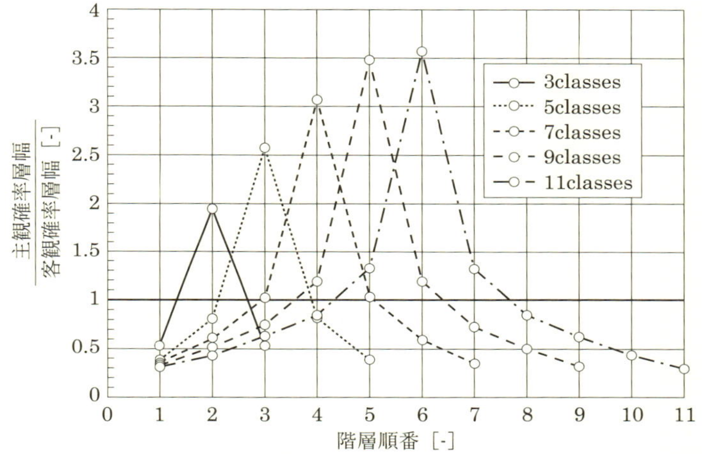

図 3-2　3、5、7、9、11 階層分けの場合の客観確率幅に対する主観確率幅の割合

正解

客観確率幅と主観確率幅の比は図 3-2 のようになります。

3．合格点の意味

【質問】

大学等では試験の成績が 60 点以上なら合格、未満なら不合格としていますが、この 60 点という閾値はどのようにして設定されたと考えたらよいでしょうか。

【解説】

多くの学校では得点が60点以上であれば合格、それ未満であれば不合格としています。この場合は2階層分けに相当することになります。ここで成績を判定する先生は、自分が出した問題の半分以上ができれば合格と考えているようです。この場合の半分以上というのは主観的に見ての半分以上です。先生は学生が獲得した客観得点を主観得点に変換し、主観得点が半分以上であれば合格とすると考えるわけです。得点は通常は整数ですから、主観得点における閾値を51点以上を合格とすると考えると、図3-3に示すように主観得点51点に対応する客観得点は58.7点と60点に極めて近い値となり、客観得点が60点以上であれば合格とすることは主観的に半分以上できれば合格とすることに対応し、60点を閾値とする理由が説明できます。さて大学等では成績を優、良、可、不可と採点するところが多いようです。主観得点における51～100を3等分すると、それぞれの層の主観得点の範囲は100～83.7、83.7～67.3、67.3～51となり、対応する客観得点の範囲は100～94.0、94.0～83.2、83.2～58.3となります。したがって大まかに客観得点が100～95点を優、94～81点を良、80～60点を可とすることがほぼ主観的な評価と一致する評価であることが分かります（実際にこのように判定している大学も少なくありませんが、教

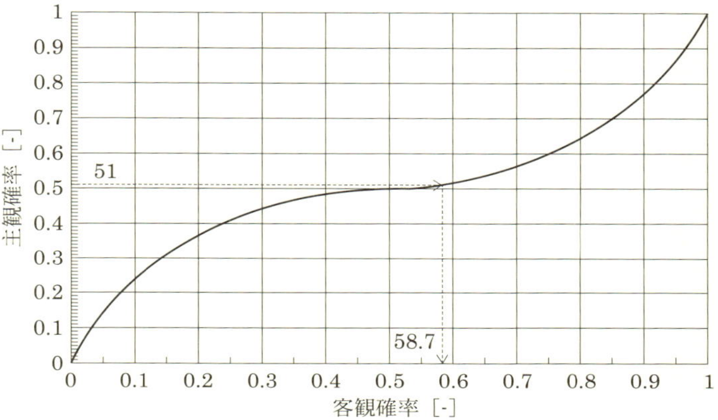

図 3-3　主観的 51 点と客観的 58.7 点の対応

育的配慮および簡明さから 100 ～ 81 点を優、80 ～ 71 点を良、70 ～ 60 点を可としている大学もあるようです）。

このように、人間は主観評価値を均等に分けて階層分けすることが多いことから、階層分けされた結果を解析する場合には、主観評価値と客観評価値の間の変換を的確に行って検討する必要があります。

なお、先日のテレビで以下のような報告がありました。人に 10 ドル紙幣 10 枚を見せて「この紙幣をあなたとあなた以外の人と勝手に分けてください。あなた以外の人がどのような人かはまったく分かりません。もちろん 10 枚全部あなたがとっても構いませんし、また 10 枚全部あなた以外の人に分けてあげてもいいですよ」と言ったところ、日本人の場合は平均して自分が 56 ドルとり自分以外の人に 44 ドルあげたそうです。つまり 6 枚の 10 ドル紙幣を自分がもらったことになります。これも、だれか分からない人と分ける裁量を自分に与えられたなら、半分以上は自分がほしいと思い主観的に 0.505（～0.51）を閾値《しきい》としたと考えることができます。図序 -2（6 頁）で $P=0.505$ のときの期待度曲線の値は 0.56 です。また、同じ問題についての世界中の人の平均は自分が 53 ドルとり自分以外の人に 47 ドルあげる結果となったそうです。この場合もだれか分からない人と分ける裁量を自分に与えられたなら、半分以上は自分がほしいと思い主観的に 0.501 を閾値としたと考えることができます。図序-2 で $P = 0.501$ のときの期待度曲線の値は 0.53 です。

正解

主観的成績における 51 点に相当する客観的成績と考えられる。

4．Yes か No か

【質問】

人がYesかNoか問われたときに主観によって判断して答えるとしたとき、客観的には何％の人がYesと答え、何％の人がNoと答えるでしょうか。

【解説】

これらの主観確率に対応する客観確率に注目すると、その人がもっている客観的データでは 58.7% 以上賛成の場合にYesと答え、41.3% 以下で賛成の場合はNoと答えることになります。したがって客観的データで残る 41.4–58.6% に含まれる人はどちらにも手を挙げないか、挙げてもYes, Noそれぞれ五分ということです。つまり、全体で 58.6–41.4 = 17.2% の人がYesともNoとも答えないか、答えてもYes, No

半々になるわけです。ということは、これらの人がキャスティングボートを握っていることになります。気をつけたいことです。

より具体的に示しましょう。例えば世の中で悪いことか悪くないことかが議論されている事項を悪いことと是認するか、否かの議論を考えます。人はYesかNoか問われたときには、主観的に51%以上賛成と思っている人はYesと答え、49%以下で賛成と思っている人はNoと答えます。つまり客観的には58.6%以上賛成と思っている人がYesと答え、41.3%以下で賛成と思っている人はNoと答えるわけです。残る58.6-41.4%の人は、頭の中に「世の中で悪いこととして検討されている」という情報があるため、どちらでもよいけれど、どちらかと言われるとNoと答えてしまうわけです。逆に世の中で良いことだとして検討されている事項の場合は、残る58.6-41.4%の人は、頭の中に「世の中で良いこととして検討されている」という情報があるため、どちらでもよいけど、どちらかと言われるとYesと答えてしまうことになります。Yesの数を多くしたければ良いことを吹聴すればよいし、Noの数を多くしたければ悪評をたてればよいことになります。アンケートのとりかたが結果を左右することになります。

正解

人は主観的に半分より多く賛成と思っているときにYesと答え、半分より少なく賛成と思っているときにNoと答えると考えます。つまり心の中で主観的に51%以上賛成と思っている人はYesと答え、49%以下で賛成と思っている人はNoと答えると考えられます（後述する図3-4を参照して下さい）。

5．Yes か No か、それとも Yes & No か

【質問】

前質問を少しだけ変えます。人がYesかNoかYes & Noか問われたときに主観によって判断して答えるとしたとき、客観的には何％の人がYesと答え、Noと答え、何％の人がYes & Noと答えるでしょうか。

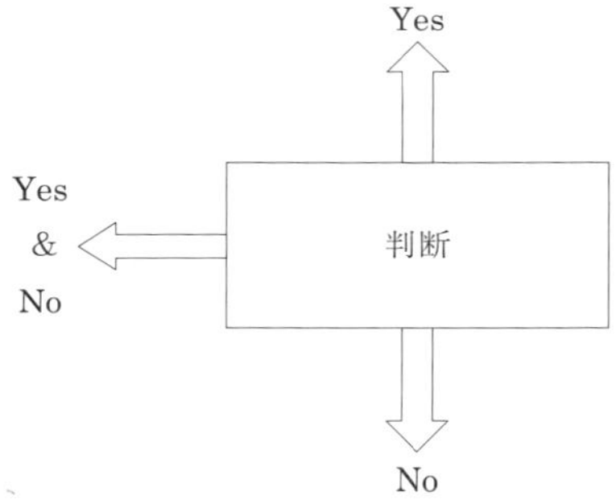

【解説】

これらの主観確率に対応する客観確率に注目すると、客観的データでは 82.5% 以上賛成の場合がYesと答え、17.4% 以下で賛成の場合はNoと答えます。残る 17.5 ～ 82.4%（82.4-17.5 ＝ 64.9%）という広い範囲に含まれる多くの人はYes & No（どちらでもない）に手を挙げます。このように最初からYes & Noを選択肢に入れておくと前質問と異なる結果を生むことになります。このことはアンケート等の取り方には十二分に気をつける必要があることを示唆しています。

正解

人はYesかNoかYes & Noか問われたときには、図3-4のように主観確率の0～1を3等分し、主観的に66.6%以上賛成と思っている場合はYesと答え、33.3%以下で賛成と思っている場合はNoと答えます。

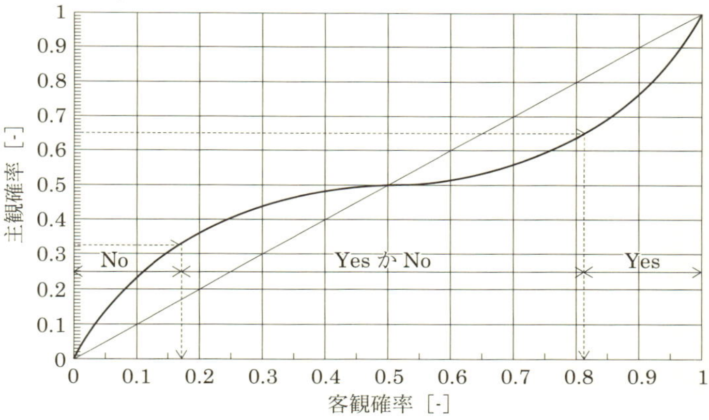

図3-4　YesかNoかYes & Noか

6．階層の閾値《しきい》

【質問】

「アメリカ格差社会の現実」（NHKテレビ、2007）においてアメリカの富の所有分布について議論した場合に、富裕層を年収1,000万円以上、貧困層を年収222万円以下として3階層に分けて議論されていました。この報道された年収1,000万円および222万円という閾値は主観資産比率に基づく値でしょうか。それとも客観的資産比率に基づく値でしょうか。

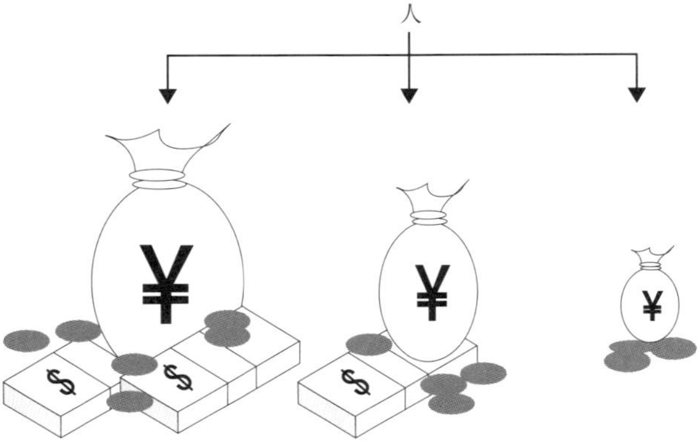

【解説】

この場合は、表 3-2 に示すように、上記の考え方に従って富裕層と中間層の境界値を使って算出される最高年収は 1,276 万円（客観比率 82.5％で 1,000 万円をとるときの客観比率 100％における値）と、同じく報道で使われている中間層と貧困層の境界値を使って算出される最高年収は 1,210 万円（客観比率 17.4％で 222 万円をとるときの客観比率 100％における値）がほぼ一致する結果が得られます。また 1,276 万円と 1,210 万円の平均値 1,243 万円を最高年収としたときに算出される貧困層と中間層の年収境界値が 216 万円、中間層と富裕層の年収境界値が 1,026 万円となり、それぞれ上記の年収境界値 222 万円および 1,000 万円と極めて近い値となります。この結果は、報道された年収 1,000 万円および 222 万円という閾値による階層の分け方

表 3-2　主観的に年収幅を 3 等分に分けたときの境界年収

階層	年収	客観確率幅	客観確率幅に対応した年収幅
富裕層	¥10,000,000 以上	17.4%	¥10,330,000 以上
中間層	¥2,220,000 ～ ¥10,000,000	65.2%	¥2,220,000 ～ ¥10,330,000
貧困層	¥2,220,000 以下	17.4%	¥2,220,000 以下

は、上述した主観資産比率に基づいて階層分けする方法と酷似していることを暗示していることになります。

正解

主観的に年収幅を３等分に分けたときの境界年収と考えられます。

７．日常の階級分け

【質問】

Ｂさんはあるミシュランガイドで２つ星を与えられたという有名なレストランに行きました。さてＢさんはこの２つ星レストランに対してどのような認識をもつべきでしょうか。

【解説】

人は日々さまざまな階級分けを知らず知らずのうちに行っています。例えばあのレストランの味はこっちのレストランに比べて味が濃いとか言って周辺のレストランの階級分けを知らず知らずに行っています。さて有名なミシュラン社はホテルとレストランの格付け調査を行い公表しています。ミシュランガイドのレストランの星は、①素材の質、②

料理法、③味付けの完成度、④料理の個性、⑤価格と質のバランスや一貫性という５つのポイントで評価されているそうで、３つ星レストランが極上レストランとしてランクされます。３つ星はわざわざ訪れる価値のある卓越した料理、２つ星は遠回りしてでも訪れる価値がある素晴らしい料理、１つ星はそのカテゴリーで特に美味しい料理を提供するレストランだそうです。

この格付けは、料理のカテゴリーやお店の雰囲気ではなく、あくまで皿に盛られたもの、つまり料理そのもののみの評価で、各国に散らばる調査員によって判定され、調査員全員の合議で了承されてはじめて付与されるランクのようです。ということは調査員は各自の主観によって判定しているわけです。当初から各レストランを３つの階級に分けて評価せずに多分もっと多くの階級に分けて評価しているのでしょう。もし９つの階級に分けて上から順に３つ星、２つ星、１つ星、後は星なしとしていると考えましょう。この場合は主観的に分けられた９つの階級を客観的な９つの階級に変換すると３つ星は上位 3.6％、２つ星は上位 3.7～9.3％、１つ星は上位 9.4～17.5％の評価ということになります。２つ星ならば上位１割に入るということになり、まずまずのレストランです。このように主観による階級分けは、客観による階級分けに置き換えて冷静に判断する必要があります。

正解

客観的評価値では上位 3.7～9.3％に入るレストランであると認識できます。

第IV章

安全率の考え方

1．安全率

【質問】

構造物等の設計をするときは計算された値に安全を期して安全率を乗じた値を基礎とします。この安全率に注目しましょう。従来の安全率の計算は主観比率に基づいています。ではその主観比率から客観比率を推算し、その客観比率を基礎とする新たな安全率を計算し、新安全率と従来の安全率の比を図示してください。

設計値 × 安全率⇒安心

【解説】

従来の安全率は主観比に基づいて行われていました。設計段階の条件で定まる許容値（例えば部材が破壊変形しないと計算される許容応力）と実際の使用限界の極限値（例えば部材が破壊・変形する極限応力）の比（(許容値／極限値）の逆数）として安全率（safety factor）が考えられてきました。設計者は設計時に可能な限りの項目を考慮して計算をしますが、すべての因子を計算しつくせるわけではないため、設計時に計算しつくせない項目に対する経験的補正である安全率を許容値に乗じた値を設計値としてきたわけです。（許容値／極限値）を主観比率と見なしたとき、この主観比率の逆数が従来の安全率ということになります。この安全率に明確な正解（最適値）はありません。安全率を大きくとって強度的に余裕のある寸法にすれば安全にはなりますが、構造物は大きくなり機械であれば重くなってしまいます。この安全率は経験的補正、すなわち主観的補正であって、客観的補正ではない場合がほとんどです。したがって、実際には許容値に安全率を乗じた値を設計値としても、完璧に安心できるわけではありません。単に安全なだけではなく安心をもたらす設計を行うためには、安全率に対する考え方を再検討する必要があると思われます。

具体的な例として、登山や高所作業用の命綱の設計を考えてみましょう。体重 100kgの人を支えるための命綱という設定の場合は、主観的に設定の 10 倍を新たな設定として 1,000kgに耐えうるロープが目標とされる場合が多いようです。この場合、100kgに耐えるロープを用いるという設定条件では安全ではないと考えるため、主観的に設定条件の 10 倍を新たな設定条件として 1,000kgに耐えうるロープを想定するわけです。この場合の 100kgに耐えるロープを用いるという設定条件に対する安全比率は 100/1,000 = 1/10 であったことになり、この比率の逆数 10 が安全率となります。この 10 倍の 1,000kgを新たな設定条件とする考えは主観的ですから、1/10 は主観安全比率であるということになります。すなわち安全率は主観安全比率の逆数として位置づけられます。

しかし上記のごとく、一般に人間は客観比率が与えられるとそれを主観比率に変換して認識することが多いわけです。このように考えると、上記の主観比率の逆数としての安全率だけでなく、主観比率を客観比率に変換して得られる値の逆数としての安全率も検討しておく必要があることになります。上記の命綱の場合は、主観比率が0.1となるときの客観比率は図1-3から0.0312であることが分かり、この客観安全比0.0312の逆数として求められる32.05が新たな安全率ということになります。その結果、客観安全比率に基づけば100 × 32.05 = 3,205kgのロープを使用すべきであることが分かります。つまり逆に、人が客観的に32.05倍の荷重に耐えうるロープを使えばよいと思ったときには、主観的には10倍の荷重に耐えうるロープを使えばよいと考えてしまうことを示しています。このように、従来の安全率は主観比率に基づいて求められており、客観性はありません。したがってより安心できる安全率として、その主観比率にいたる元の客観比率に基づいた安全率を考慮する必要があります。そのためには主観比を客観比に変換し、その客観比の逆数としての新たな安全率を定め検討すればよいことになります。

旧安全率＝ 1／主観比　　　　新安全率＝ 1／客観比

主観比率から客観比率を推算し、その客観比率の逆数としての新たな安全率と従来の安全率の比を図示すると図4-1のようになります。

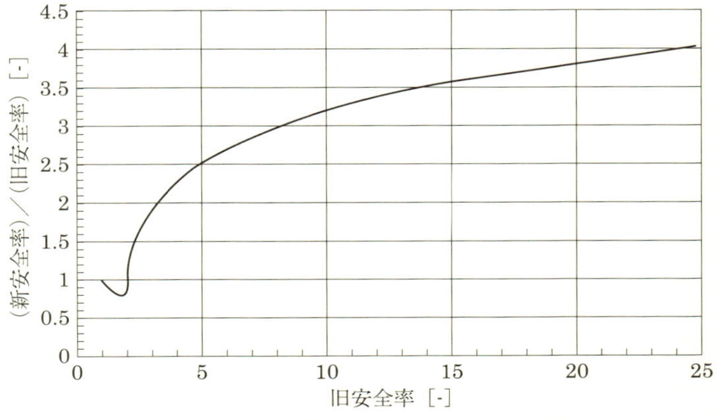

図4-1　従来の安全率と新たな安全率の関係

この図から明らかなように、従来の安全率の値が1以上2以下では（旧安全率）＞（新安全率）となり従来通りの安全率は安心側にあるので新安全率を考慮する必要はありませんが、逆に従来の安全率の値が2以上では（新たな安全率）＞（従来の安全率）となり従来の安全率に加えてより安心な新たな安全率をも考慮すべきであることが分かります。

正解

図 4-1 のようになります。

2．噂が噂を呼び…

【質問】

ある事態が生じる確率に対しての噂が言伝に次から次へと広がると結局どのような状況になるでしょうか。

【解説】

例えば「聞くところによると、今度の騒動の影響を受けた人は85%だそうだよ」と言われた人は、この85%を客観確率として捉え図序-3（7頁）に従って主観的には70%程度に感じます。次いでその人が今度は「今度の騒動の影響を受けた人は70%だそうだよ」と別の人に伝えると、伝えられた人は70%を客観確率として捉え図序-3に従って主観的には56%程度に感じます。さらにその人が「今度の騒動の影響を受けた人は56%だそうだよ」と別の人に伝えると、伝えられた人は56%を客観確率として捉え図序-3に従って主観的には50%程度に感じることになります。このように同じ情報でも繰り返すと主観的確率として50%に収束していきます。もちろん、「聞くところによると、今度の騒動の影響を受けた人は20%だそうだよ」でスタートする場合も、同じく繰り返すと主観的確率として50%に収束することになります。図4-2は例としてスタートが75%と20%の場合を示していますが、いずれも最終的には50%に収束していきます。これをうまく利用すれば都合のよい世論操作もできることになります。例えば、都合の悪い現象に対して高確率が示されたときは、言伝に次から次へとどんどん噂を流せば、50%までは落とすことができるし、都合の良い現象に対して低確率が示されたときは、言伝に次から次へとどんどん噂を流せば、50%までは上げることができるわけです。新聞等の情報は十分気をつけて判断する必要がありそうです。

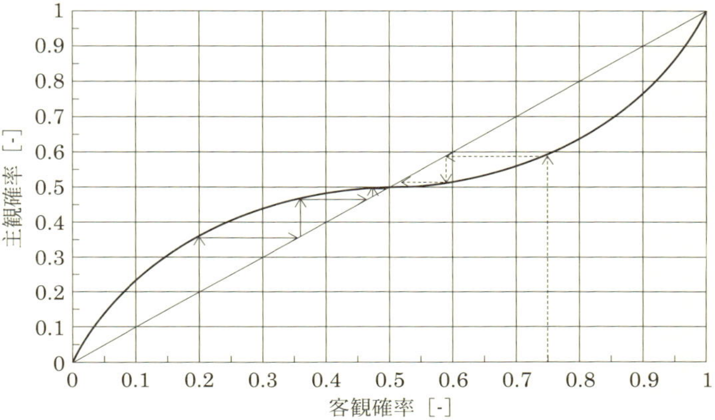

図4-2　主観確率の収束

正解

どのような場合にも確率 50%に収束します。

3．世論調査の結果の解読

【質問】

表 4-1 はNHK放送文化研究所の「政治意識月例調査」による前の菅内閣の発足時からの支持率の変化を示していますが、この結果をどのように解析したらよいでしょうか。

表 4-1　菅内閣の支持率変化

経過月	0	1	2	3	4	5	6	7
支持率（%）	61	39	41	65	48	31	25	29
上記を主観確率と見たときの客観確率①	76.9	23.1	25.5	81.1	38.3	15.4	11.0	13.8
上記を客観確率と見たときの主観確率に②	51.8	48.2	42.8	53.3	49.9	44.7	40.6	43.4

【解説】

表中の支持率を示した人びとはそれぞれの主観によって支持を定めたと考えると、その基礎になった客観確率は①のようであったことが推測されます。支持率が高い場合にはより高い客観確率に基づいて支持されており、支持率が低い場合にはより低い客観確率に基づいて支持されたことになります。表の支持率を見た人びとはそれを客観確率として捉え、それに基づいた主観確率②が新たな支持率として表明されることになります。支持率が 50％より高い場合にはより低い主観確率に基づいて支持されることになり、支持率が 50％より低い場合にはより高い主観確率に基づいて支持されることになります。

さてこれを繰り返すと、前質問に示したことと同じように支持率は 50％に収束することになります。その後の菅内閣の支持率はさらに減少したそうですが、はたして最終的には総理大臣を辞めることになりました。新聞等に報道される数字は十分に心して読み解く必要がありそうです。

正解

表中の支持率を、客観確率と見なしたときの主観確率、および主観確率と見なしたときの客観確率に変換して解析する必要があります。

4．日常における安全率

【質問】

Bさんは家族ともども 4 人と一緒にあるレストランに食事に行くことにしました。そのレストランでは通常 1 人前 5,000 円で食事ができますので、Bさんは安全をみてその 1.5 倍の 3 万円所持して行こうと考えていますが、はたしてこの額のお金で大丈夫でしょうか。またいつもより上等の食事をする場合にはBさんは安全をみてその 2.5 倍の 5 万円所持して行こうと考えていますが、はたしてこの額のお金で大丈夫でしょうか。

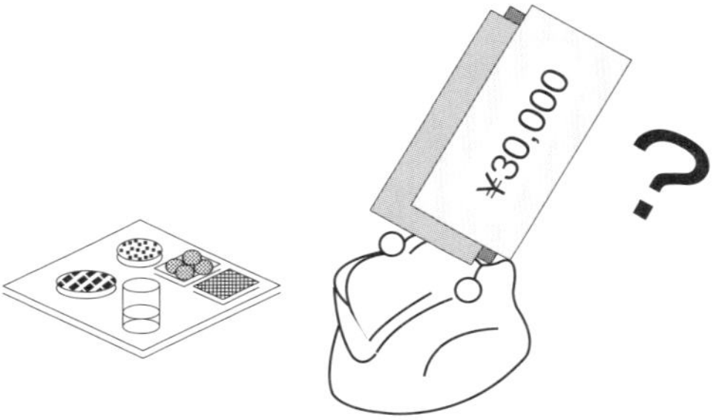

【解説】

人は日々さまざまな時点で安全率を掛けて行動しています。レストランに食事に行くときにいくらお金を持って行こうかというときに、通常の食事に必要と考えられる額の 1.5 倍のお金を用意しようと考えたとします。このときの安全率は 1.5 ですが、この安全率も主観的な安全率であり、これを図 4-1 に基づいて客観的な安全率に変換すると 1.5 × 0.8 = 1.2 となり通常に考えられる額の 1.2 倍くらいのお金を用意すれば十分であることになります。つまり 1.2 × 5,000 円× 4 人 = 2 万 4,000 円で十分ということです。

つぎに 2.5 倍のお金を用意しようと考えたとします。このときの安全率は 2.5 ですが、この安全率も主観的な安全率であり、これを図 4-1 に基づいて客観的な安全率に変換すると 2.5 × 1.57 = 3.93 となり通常に考えられる額の約 4 倍のお金を用意しなければならないことになります。つまり 3.93 × 5,000 円× 4 人 = 7 万 8,600 円が必要ということです。このような違いがでたのは主観による判断の甘さが原因です。通常は２倍以上の金額は想定しないでしょう。

正解

客観的視点からは２万 4,000 円所持すれば十分なので所持金３万円は十分すぎる額です。

上等な食事をする場合は７万 8,600 円所持する必要がありますから５万円は少なすぎます。

付　録

1．不安度・期待度の定量的表現（不安度・期待度曲線の表示式）

情報とは、そのことについての好き嫌い、価値に関わりなく、我々が不確実なことを少しでも明らかにしてくれるものです。そしてそのニュースがもたらす情報量は、そのニュースを知ることにより我々が持っている不確実な知識がどれだけ確実になったかで表します。

たとえば美術館で行われている著名な画家の個展に行ったときを考えてみましょう。ある絵の前に多くの人が立ち止まっています。何の絵でしょうか？　おかしなことに見ている人誰もが首をちょっとかしげています。よく見ると抽象画のようです。明るい色使いから花のようにも見えます。いや陽射しを一杯に浴びている草原のようにも見えます。また終日のたりのたりとする春の海原にも思えます。そうです。「この絵は何を描いているのかな？　あれかな？　これかな？…」といろいろな対象が浮かんでは消え、浮かんでは消えしているので、この絵を見ている人のほとんどが首をかしげているのです。このときあなたの頭も「何を描いたものか？」ということに対してのある不確実さが占有しています。ここでその絵を描いた画家が現れて「この絵は私が若かいときに初恋の女性と最初にデートしたときの私の弾む心そのものを描いたものです」と説明されると、あなたの頭から先ほどの不確実さが吹っ飛んで、「なんだ、そうか」と頭の中にはもう不確実さの一片も残っていないようになります。この吹っ飛んだ不確実さの量が、画家が「最初のデートの弾む心」と知らせたニュースがもたらす情報量なのです。

また大学で私が「これを見て下さい」と言ってチョークをもって黒板に向かったときを想像して下さい。学生諸君は「この先生、何を黒板に書くのだろう？　数式かな？　文字かな？　絵かな？」と思います。このとき学生諸君の頭には「何を書くのか？」ということに対してのある不確実さが占有しています。次に私が黒板に花瓶に生けられた一輪の椿の花を描くと学生諸君の頭から先程の不確実さが吹っ飛んで、「なんだ、そうか」と頭の中にはもう不確実さの一片も残っていないようになります。この吹っ飛んだ不確実さの量が、私が描いた花瓶に生けられた椿の花のもたらす情報量なのです。もちろん椿の花と誰にも分かるように上手に椿の花を描かなければ学生諸君の頭には「なんだ、花瓶に生けられた一輪の花か。でも何の花だ？」という僅かな不確実さが残ってしまい、そのときの私が描いた花瓶に生けられた椿の花のもたらす情報量は上手に描いたときの前述の情報量よりも少なくなります。

ではその情報量を数値として表すにはどうすればよいでしょうか。通常は生起する可能性のある現象の数がnのとき、そのうちの１つの現象が生じたことを伝えるニュースがもたらす情報量は$\log n$と表されます。また事象の数が大きい場合を考えてnの代わりに確率 $1/n = P$を用いて$-\log P$とも表すことができます。なぜ情報量を対数を用いて表すのでしょうか。それは以下の例を考えれば納得がいきます。

各階に５軒が入っている３階建てのマンションがあって、あなたがその中の友達の家を訪ねようとしているとします。そこで入口にいる管理人に「○○さんのお宅はどこでしょうか？」と聞いたとします。これに対して管理人が「８号室ですよ」と答えたとすると、あなたはすぐに友達の家にたどり着くことができます。この場合の管理人の答え「８号室」がもたらす情報量は全部で 15 軒のうちの１軒を示していますので$-\log(1/15) = \log 15$ということになります。

ところで管理人が「２階ですよ」とまず答え、続いて「真ん中の家です」と答えてもあなたは無事に友達の家にたどり着けます。この場合、最初の答え「２階」がもたらす情報量は全部で３階のうちの１階を示していますので$-\log(1/3) = \log 3$ということになります。また２番目の答え「真ん中」がもたらす情報量は全部で５軒のうちの１軒を示していますので$-\log(1/5) = \log 5$ということになります。このように答えが「２階」と「真ん中」の２つに分けて与えられてもきちんと友達の家にたどり着くことができるわけですからその情報量の和は、「8号室」と１度に与えられたときの情報量と同じでなければなりません。

しかし上記のように対数を用いて情報量を表すと、$\log 3 + \log 5 = \log 15$となりどちらの答え方でも得られる情報量は同じになりますから、対数を用いた情報量の表示は的を射た表示法であることがお分かりいただけると思います（数学の公式に$\log a + \log b = \log ab$というのがあったことを思い出してください）。このように、確率Pの事象が生じたことを知らせる情報がもたらす情報量は$-\log P$で表されます。以上は答えが得られたときのその答えがもたらす情報量ですが、どのような答えが得られるかまだ分からないときにあなたの頭に生じる不確実さの程度はどのように表されるでしょうか。それは考えられる限りの答えが得られたときにそれぞれもたらす情報量の平均値ということになります。

それぞれ生起確率がP_iであるi個の事象が考えられるときに、どの事象がこれから生じるかという不確実さHはそれぞれの事象iが生じたことを知らせる情報量$-\log P_i$にそれぞれの事象が生じる生起確率P_iを乗じた

$$H = \Sigma P_i(-\log P_i)$$

という不確実さがあなたの頭の中に生じます。この平均の情報量を情報エントロピーといいます。情報エントロピーによって、これからどの事象が生じるかということに対する不確実さの程度を定量的に表すことができることになります。なお、これら情報量の単位は対数の底を

eとするか10とするか2とするかで、それぞれ［nat］、［dit］、［bit］と異なりますが、通常は情報量をその絶対値で議論することは少なく、相対値で議論することの方が多いので、底に何にとっても同じ底を用いさえすれば相対値は変わりませんから、底を何にとるかは大きな問題とはなりません。この情報エントロピーを人が感じる不安や期待の程度を定量的に表すために利用するわけです。では次に進みます。

さてサッカーの試合におけるサイドは「コイントス」によって決められるようですが、この「コイントス」を想定してみます。もちろん、使用するコインはイカサマではなく公正なコインとします。この場合コインの表が出る確率も裏が出る確率も同じ1/2であることは自明です。トスの結果、表が出たことを知らせる情報がもたらす情報量は、定義にしたがって

$$-\log(1/2) = \log 2$$

と表されます。

ここで問題を簡単にするために表が出ることを期待しているとします。これからトスをするとき、表が出るか、裏が出るかに対する不確実さの程度を表す情報量エントロピーは

$$H = \Sigma P_{\mathrm{i}}(-\log P_i) = -P\log P - (1-P)\log(1-P)$$

となります。ここでPは表が出る確率です。この値を生起確率Pに対してプロットすると次の図付-1が得られます。

さて、トスするコインがイカサマでなく公正なコインなら表が出る確率と裏が出る確率はそれぞれ1/2ですから、$P = 0.5$で表裏どちらが出るかの不確実さは最大値0.693natをとります。もしトスするコインがイカサマのコインで表が出る確率の方が裏が出る確率より高ければ$P>0.5$の曲線上の値をとり、表裏どちらが出るかの不確実さは公正なコインの場合より小さくなります。つまり表が出る確実さ（以後この確実さをCOと記す）が増した分、すなわち表が出ない確実さ（裏が出る

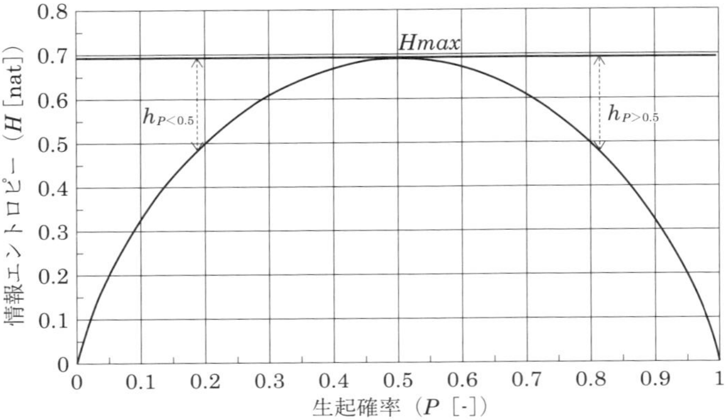

図付 -1　コイントスで表が出るか裏が出るかの不確実さを表す情報エントロピー

確実さ)(以後この確実さをCDと記す）が減少した分$h_{P>1/2}$（＝CO–CD）だけ不確実さは減少します。一方、トスするコインがイカサマのコインで裏の出る確率が高ければ$P<0.5$の曲線上の値をとり、表裏どちらが出るかの不確実さは公正なコインの場合より小さくなります。つまり裏が出る確実さが増した分、すなわち裏が出ない確実さ（表が出る確実さ）が減少した分$h_{P<1/2}$（＝CD–CO）不確実さは減少します。このとき表の出る確実さの増減は裏が出る確実さの減増と1対1に対応しており、表裏どちらかに注目した議論をするだけで十分です。次に、上記の$P=0.5$における表裏どちらが出るかの不確実さの最大値と各P値における表裏どちらが出るかの不確実さの差（＝CO–CD at $P>0.5$, ＝CD–CO at $P<0.5$)）をとって図示すると図付-2が得られます。

図中の曲線のとる値は、CDを表が出る確実さ、CDを表が出ない確実さ（すなわち裏が出る確実さ）としたときに、$P<0.5$ではCD–COを、$P>0.5$ではCO–CDを表しています。$P>0.5$ではPが大きくなるとともに表が出る確実さが増え表が出ない確実さ（すなわち裏が出る

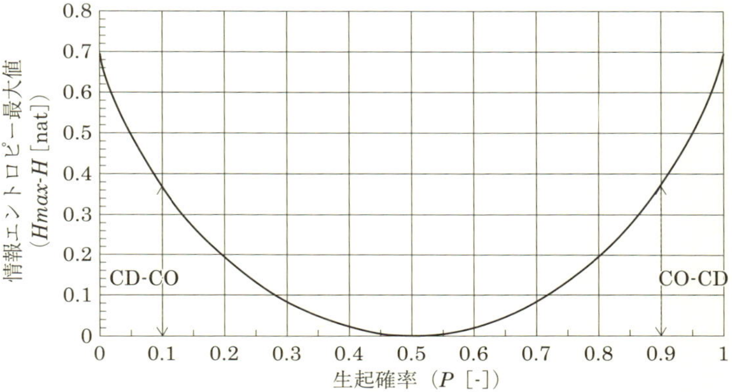

図付 -2　P ＝ 0.5 での最大情報エントロピー値と各 P における情報エントロピー値との差

確実さ）が減ります。つまり表が出る確実さと表が出ない確実さ（すなわち裏が出る確実さ）の差 CO−CD は大きくなります。一方、$P<0.5$ では P が小さくなるとともに裏が出る確実さが増え裏が出ない確実さ（すなわち表が出る確実さ）が減ります。つまり裏が出る確実さと裏が出ない確実さ（すなわち表が出る確実さ）の差 CD−CO は大きくなります。ここで望ましい表が出ることに対する期待の程度は CO−CD に比例すると考えることにします。すると、$P<0.5$ ではこの値は負の値をとることになります。ここで期待の程度としては常に正の値としてとり扱った方が便利ですから、全体を H_{max} だけ正側にシフトして期待の程度を表すことにします。その結果は次式で表されます。

$$AE_{P<1/2} \propto \Delta I_{P<1/2} = (H_{\mathrm{max}}) - (H_{\mathrm{max}} - H) = H$$

$$AE_{P \geq 1/2} \propto \Delta I_{P \geq 1/2} = (H_{\mathrm{max}}) + (H_{\mathrm{max}} - H) = 2H_{\mathrm{max}} - H$$

さてここまではコイントスを対象としていましたが、前述のように「電車で座れた」場合の嬉しさと「宝くじで 1 億円当たった」場合の嬉しさとでは大きな違いがあるように、対象とする事象の価値によって期待の程度は異なります。そこで対象とする事象の価値を V として、あらためて期待の程度を次式のように定義することができます。

$$AE_{P<1/2} = V\{-P\ln P-(1-P)\ln(1-P)\} \quad (1\text{-}1)$$

$$AE_{P\geq 1/2} = V[2\ln 2-\{-P\ln P-(1-P)\ln(1-P)\}] \quad (1\text{-}2)$$

このときの期待の程度AEと事象が生じる生起確率の関係を図示すると図付‐3のような曲線が描けます。図には事象の価値Vを0.2から1.0まで変化させた場合の曲線を示しています。

ここで、図中の曲線を期待度曲線と呼ぶことにしましょう。いずれの曲線も$P=1$のときに最大値をとりますからこの最大値を用いて無次元化すると、いずれの曲線も図付‐4のように最大値1をとる逆S字型の同一曲線となります。

さてここまでは、表が出ることを期待している場合でしたが、逆に表が出てしまうことを望ましくないとする場合の不安の程度の表し方を考えます。結論からいうと期待の程度とまったく同じ結果となります。すなわち、望ましい結果をコインの表とするか、望ましくない結果をコインの裏とするかの違いだけです。つまり、生じる生起確率をコイ

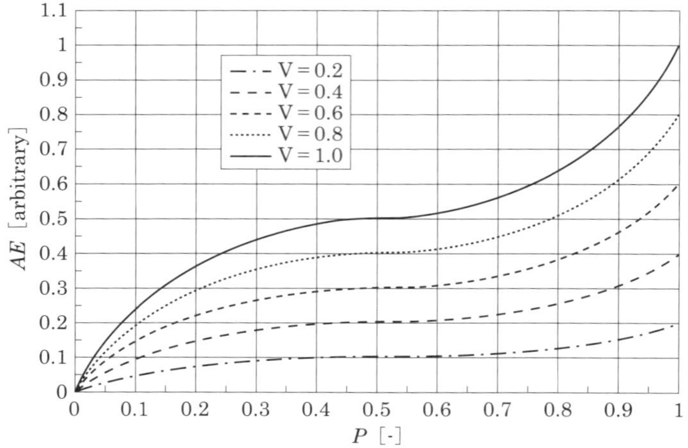

図付‐3　価値Vを0.5から5.0まで変化させた場合の期待度曲線

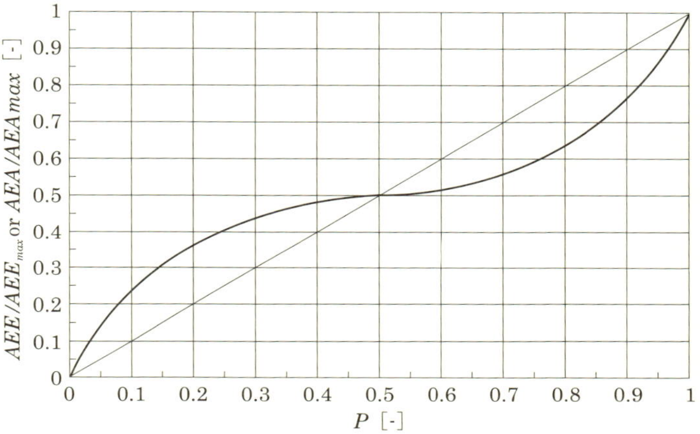

図付 -4　P＝1のときの最大値で無次元化した期待度曲線

ンの表に注目するか、裏に注目するかの違いだけです。したがって無次元化した期待度曲線と不安度曲線は、横軸の生起確率のもつ意味はまったく逆になりますが、逆S字型の同一曲線となります。

これで対象とする事象が生じる確率が与えられたときの、人が心に抱く不安や期待の程度を定量化して表すことのできる表示式が導出できたことになります。

2．客観的に与えられた確率（客観確率）と それを感覚で捉えた確率（主観確率）

客観的にあらかじめ確率（客観確率$P_{\text{objective}}$）が与えられたときの期待度、不安度は描かれる期待度曲線、不安度曲線上の値をとります。そこで私たちが感じる期待度、不安度は私たちが主観的に感じる確率に正比例していると考えると、上記の$P_{\text{objective}}=1$における値で無次元化した期待度、不安度の値はそのまま期待度確率、不安度確率

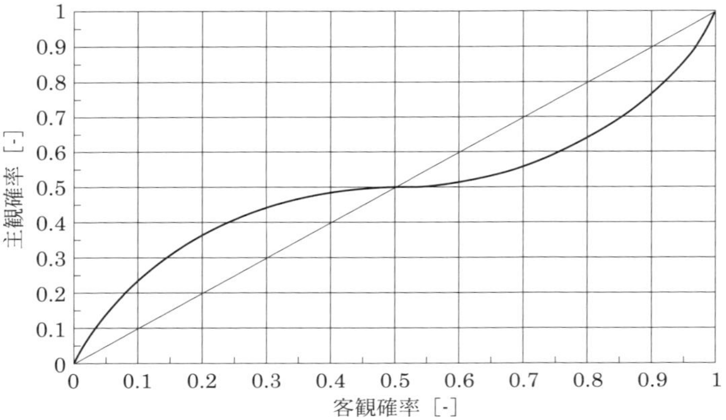

図付 -5　客観確率と主観確率

と見なすことができます。すなわちこのPは主観確率$P_{\mathrm{subjective}}$と考えることができます。その客観確率$P_{\mathrm{objective}}$と主観確率$P_{\mathrm{subjective}}$の関係は図付 -5 に示した通りです。このことから、人間が感じる不安や期待の程度は、次のような心理的経路で定まると考えることができます。まず人間は生じてほしい事態、あるいは生じては困る事態が生じる客観確率$P_{\mathrm{objective}}$を与えられると、心の中でそれを図付 -5 に従って主観確率$P_{\mathrm{subjective}}$に変換します。ついでその$P_{\mathrm{subjective}}$に比例した不安の程度、あるいは期待の程度を感じるという経路です。なお注目している事象に対してメディア等により与えられる新たな情報は主観確率の値に直接反映されるのではなく、まず客観確率の値に反映されてから主観確率の値に反映されると考えます。

またさらに、対象とした事象におけるある因子の値とその因子がとり得る最大値との相対比率（客観比率）が与えられた場合にも、その相対比率を上記の事象が生じる確率（生起確率）の代わりに置けば、与えられた客観比率とそれを主観的に捉えた主観比率との間には上記の生起確率を対象とした場合と同様な考え方ができると考えられます。

■著者紹介

小川　浩平（おがわ　こうへい）

東京工業大学名誉教授
東京工業大学大学院理工学研究科化学工学専攻博士課程修了
工学博士

主な著書
『Chemical Engineering — A New Perspective』Elsevier（2007）
『化学工学の新展開 — その飛躍のための新視点』大学教育出版（2008）
『流体移動解析　シリーズ〈新しい化学工学〉』朝倉書店（2011）
『分離・混合操作の新評価法 — 情報エントロピーの視点に立って』分離技術会（2012）

不安と期待の程度による最適意思決定
目指すな、求めるな 100%

2013年2月28日　初版第1刷発行

■著　　者——小川浩平
■発 行 者——佐藤　守
■発 行 所——株式会社大学教育出版
〒700-0953　岡山市南区西市855-4
電話(086)244-1268㈹　FAX(086)246-0294
■印刷製本——サンコー印刷㈱

ISBN978-4-86429-192-7